科学养羊实用致富技术

白俊艳　雷　莹　赵永刚　胡日查◎著

中国农业出版社
北　京

图书在版编目（CIP）数据

科学养羊实用致富技术 / 白俊艳等著 .—北京：中国农业出版社，2021.10（2022.4 重印）
ISBN 978-7-109-28839-3

Ⅰ.①科… Ⅱ.①白… Ⅲ.①羊—饲养管理 Ⅳ.①S826

中国版本图书馆 CIP 数据核字（2021）第 211376 号

中国农业出版社出版
地址：北京市朝阳区麦子店街 18 号楼
邮编：100125
责任编辑：周晓艳
版式设计：杨 婧　　责任校对：吴丽婷
印刷：中农印务有限公司
版次：2021 年 10 月第 1 版
印次：2022 年 4 月北京第 3 次印刷
发行：新华书店北京发行所
开本：880mm×1230mm　1/32
印张：5.75
字数：178 千字
定价：29.80 元

前言

自20世纪90年代以来，肉羊养殖业已成为我国畜牧业发展的重要组成部分，其是一项投资少、资金周转快、经济效益较高的产业。

相较于猪肉而言，羊肉蛋白质含量高，而脂肪含量低；另外，羊肉中的钙、磷、铁等矿物质明显高于猪肉、鸡肉，特别是羊以吃草和其他天然植物为主，兽药使用量少，残留量也少。随着羊肉市场需求量的逐年增加，其价格也在不断上升，发展肉羊产业更具有广阔前景。

为了将最新的肉羊养殖技术提供给读者，笔者将自己的生产经验进行总结编写了此书。本书共分为七个章节，详细介绍了我国肉羊业发展现状及存在问题、肉羊科学养殖的场舍建设工艺、肉羊品种选择技术、肉羊繁殖育种新技术、秸秆调制和牧草调制技术、肉羊科学养殖的饲养管理技术、肉羊科学养殖的疾病防控技术。图书内容丰富，资料翔实，可供肉羊生产者、普通养殖户等阅读。

本书在编写过程中得到了很多同行的支持与帮助，在此不一一列举，一并表示衷心的感谢！

由于写作水平有限，本书存在错误在所难免，希望广大读者批评指正，以便再版时修改。

著　者

2021年8月

目录

前言

第一章　概述 …………………………………… 1

第一节　我国肉羊产业发展现状 ……………… 1

一、羊肉价格继续保持高位运行 ……………… 1

二、羊肉产能继续提高 ………………………… 1

三、羊肉进口量下降明显 ……………………… 3

四、羊肉消费先降后稳逐步恢复 ……………… 3

五、羊肉出口量进一步下降 …………………… 3

第二节　我国肉羊产业存在的主要问题及发展趋势 ………………………………… 4

一、存在的主要问题 …………………………… 4

二、发展趋势 …………………………………… 5

第三节　农户肉羊科学养殖的需求 …………… 6

一、品种需求 …………………………………… 6

二、技术需求 …………………………………… 6

第二章　肉羊科学养殖的场舍建设………………… 8

第一节　场址选择及场区布局 ………………… 8

一、场址选择 …………………………………… 8

二、场区布局 …………………………………… 9

第二节　羊舍建筑 ……………………………… 9

一、羊舍基本结构 ……………………………… 9

二、羊舍类型 …… 13
第三节 羊场主要设施设备 …… 14
一、饲养设施 …… 14
二、机械加工设施 …… 17
三、青贮设施 …… 18
第三章 肉羊品种选择技术 …… 20
第一节 肉羊的基本特征 …… 20
一、体型外貌特征 …… 20
二、生物学特征 …… 21
第二节 主要肉用绵羊品种 …… 23
一、国外引进优良品种 …… 23
二、国内肉用地方优良绵羊品种 …… 30
第三节 主要肉用山羊品种 …… 33
一、国外引进优良品种 …… 33
二、国内肉用地方优良山羊品种 …… 34
第四节 肉羊选种与鉴定技术 …… 38
一、外形部位识别 …… 38
二、称重和测量及体型外貌鉴定 …… 40
三、理想肉羊个体选择与鉴定 …… 41
第四章 肉羊繁殖新技术与育种新技术 …… 43
第一节 肉羊繁殖新技术应用的理论基础 …… 43
一、肉羊的生殖器官 …… 43
二、肉羊的繁殖规律 …… 45
第二节 肉羊繁殖育种新技术 …… 50

一、发情控制技术 …… 50
二、配种技术 …… 51
三、超数排卵技术和胚胎移植技术 …… 52

第五章　秸秆调制技术与牧草调制技术 …… 53

第一节　秸秆调制技术 …… 53
一、调制技术 …… 53
二、饲喂注意事项 …… 57
第二节　牧草调制技术 …… 57
一、牧草种类及其特性 …… 57
二、优质青干草的调制技术 …… 61

第六章　各生长阶段羊的饲养管理及常规管理 …… 67

第一节　各生长阶段羊的饲养管理 …… 67
一、种公羊的饲养管理 …… 67
二、繁殖母羊的饲养管理 …… 69
三、羔羊的饲养管理 …… 70
四、育成羊的饲养管理 …… 72
五、育肥羊的饲养管理 …… 72
第二节　肉羊常规管理 …… 75
一、编号 …… 75
二、去势 …… 76
三、断尾 …… 78
四、去角 …… 79
五、修蹄 …… 80
六、驱虫与药浴 …… 81

第七章 肉羊疾病防控技术 …… 84
第一节 综合防控技术 …… 84
一、基本原则及主要措施 …… 84
二、免疫程序及防疫规程 …… 86
三、消毒工作 …… 88
四、检疫制度 …… 89
第二节 常见羊病及其防控技术 …… 89
一、常见传染病及其防控技术 …… 89
二、常见寄生虫生病及其防控技术 …… 122
三、常见普通病及其防控技术 …… 135

参考文献 …… 175

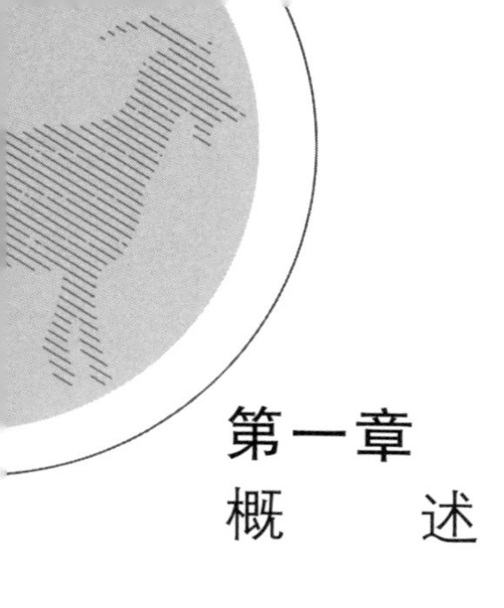

第一章 概　　述

第一节　我国肉羊产业发展现状

一、羊肉价格继续保持高位运行

根据农业农村部监测数据，2020 年全国羊肉集贸市场月度平均价格（以下简称“羊肉价格”）继续保持高位运行，显著高于 2019 年的同期水平。2020 年上半年各月同比增长保持在 14%以上，下半年差距逐渐缩小。2020 年 1—12 月，羊肉价格从 81.2 元/千克增长至 83.3 元/千克，涨幅为 2.6%，主要经历了三阶段 N 形波动：1—2 月，从 81.2 元/千克上升至 82.3 元/千克，增长 1.4%；2—6 月，从 82.3 元/千克下滑至 78.2 元/千克，下降 5.0%；6—12 月，从 78.2 元/千克上升至 83.3 元/千克，增长 6.5%（图 1-1）。

二、羊肉产能继续提高

从出栏量看，2011—2020 年，我国羊出栏量从 26 232.2 万只上升至31 941.0万只，增长 21.8%，年均增长率为 2.2%。其中，近 5 年增速有所减缓，年均增长率为 1.6%。2020 年，受疫情影响，我国肉羊集中出栏期延长，出栏数量仅比 2019 年增长 0.8%。根据农业农村部监测数据，2020 年第四季度出栏量增量最大，累计出栏量呈 1—5 月上升、6—12 月下降趋势；1—12 月，我国累计新生羔羊、出售羔羊和出售架子羊数量同比均呈下降趋势。从存栏

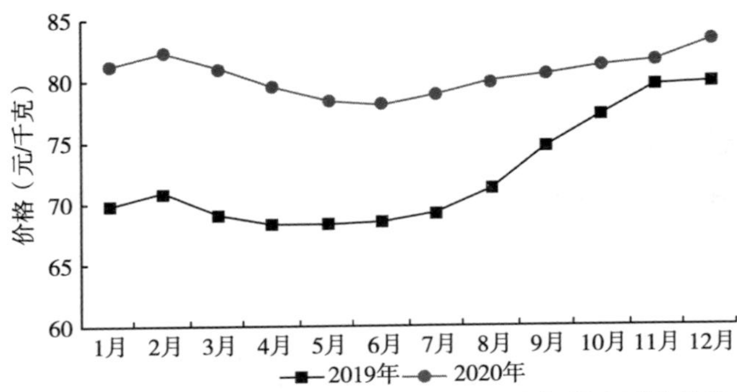

图 1-1　2019 年和 2020 年全国羊肉集贸市场月度平均价格
（数据来源：农业农村部）

量看，2011—2019 年，我国羊存栏量呈先增后减再逐渐恢复的态势，总体从 28 664.2 万只增长到 30 072.1 万只，增长 4.9%，年均增长率为 0.55%。其中，2015 年存栏量达到峰值 31 174.3 万只。从出栏量看，2011—2020 年羊只出栏率总体呈上升态势，从 0.9 增长到 1.1。其中，从 2017 年开始突破 1，说明我国肉羊产能不断提高。从羊肉产量看，2011—2020 年，我国羊肉产量整体呈增长态势，增长了 23.62%，年均增长率为 2.4%。其中，2020 年，羊肉产量增速有所下降，仅比 2019 年增长 0.92%。以上相关数据见表 1-1。

表 1-1　2011—2020 年中国羊存栏量、出栏量和羊肉产量情况

年份	存栏量（万只）	出栏量（万只）	羊肉产量（万吨）
2011	28 664.2	26 232.2	398.0
2013	28 935.2	26 962.7	409.9
2015	31 174.3	28 761.4	439.9
2016	29 930.5	30 005.3	460.3
2017	30 231.7	30 797.7	471.1
2018	29 713.5	31 010.5	475.1
2019	30 072.1	31 966.0	487.5
2020	—	31 941.0	492.0

数据来源：国家统计局。

三、羊肉进口量下降明显

自加入世界贸易组织以来，我国进口羊肉总量持续增长，2014年进口增长趋势发生转折。受国内突发小反刍疫情的影响，2014年活羊流动受限、销售受阻，消费者消费信心下降、需求骤减，活羊及羊产品价格下降，国内外价差进一步压缩，进口羊肉比较优势下降。2015年和2016年我国羊肉进口量连续2年下降，2016年进口量为22.0万吨，较2014年下降22.2%。2017年，由于羊源短缺、羊肉供给量减少，国内羊价逐渐回升，羊肉进口量也逐渐回温，到2019年羊肉进口量达到峰值，即39.2万吨，2017—2019年年均增长率高达21.3%。2020年，受新冠肺炎疫情影响，羊肉进口量再一次下降。考虑到我国进口来源过于集中（澳大利亚和新西兰肉羊的进口量总和占总进口量的95%以上），未来应拓宽进口渠道，降低风险。

四、羊肉消费先降后稳逐步恢复

近年来随着居民肉类消费结构不断转型升级，羊肉消费需求持续增长。2011—2019年，我国居民人均户内羊肉消费量总体呈先增后减的趋势，从1.1千克/人增长至1.2千克/人。其中，自2017年下半年羊肉价格回升后羊肉消费量开始下降，年均降幅为6.0%。根据居民人均户内羊肉消费量和人口数据，2011—2019年全国居民户内羊肉消费总量从141.9万吨增长到173.9万吨。受新冠肺炎疫情影响，2020年年初羊肉消费一度萎靡。随着国内疫情逐渐得到控制，市场、超市和各类餐饮企业相继恢复，居民外出餐饮消费基本恢复，羊肉季节性消费将继续增加。

五、羊肉出口量进一步下降

我国虽是羊肉生产大国和消费大国，但自给能力不足，鲜少出口，且出口品类比较局限，以山羊肉为主，出口市场也主要针对亚洲，包括我国香港和澳门地区。2001—2006年，我国羊肉出口整体呈上升趋势，随后开始下降，尽管2010年有小幅回升，但之后整体仍保持较为明显的下降趋势。

第二节　我国肉羊产业存在的主要问题及发展趋势

一、存在的主要问题

（一）产业规模化程度较低

目前我国肉羊产业规模程度仍比较低，2017 年全国年出栏量在 100 只以上的养殖场（户）仅占全国羊场总数的 3.1%。预计未来较长时间内，100 只以下的小规模养殖场（户）仍会是我国肉羊生产的重要参与者。但规模化程度较低不利于品种改良、饲草料的搭配、用药防疫等技术的普及推广，既限制了生产效率的提升，也不利于平均成本的下降，同时还给疫病防治和羊肉产品的质量安全带来巨大隐患。

（二）基层专业技术人员紧缺

基层的工作环境及薪酬待遇等对高水平肉羊养殖技术人员的吸引力不足，农村尤其是偏远山区的养殖户获取肉羊科学饲养方式和管理理念的机会少，养羊技术需求无法得到有效满足。

（三）产业链各环节的联结松散

总体来看，我国肉羊全产业链尚未完全打通，链条单一。一方面，相当大比例的中小养殖户会通过中间商来对接屠宰加工企业，一旦突发疫情，则中间商能较容易地退出，产、加环节脱节的风险则更多地由养殖户和企业承担，容易造成羊肉供给市场的不稳定。另一方面，大量屠宰加工企业的技术水平、规模化程度不高，而且拓展销售渠道的能力也比较差。

（四）区域性基础投入品保障储备体系不完善

新冠肺炎疫情暴发初期，由于“物流”和“人流”被阻断，短时间内外调货品的难度大，加之本地储备不足，因此各养殖场（户）均出现了不同程度的缺粮缺料问题，严重影响了养殖效益。同时，兽药、疫苗、消毒用品等外购和运输困难，也在很大程度上影响了春季防疫计划的实施。

（五）羊肉产品的可替代性较强

受消费习惯的影响，相比猪肉、禽肉等肉类产品，羊肉产品的可替代性强。一旦猪肉、禽肉等价格下降，羊肉的可替代性将进一步加强。新冠肺炎疫情暴发初期，全国羊肉的家庭消费、户外餐饮消费及礼品消费等均出现“断崖式”下跌，与羊肉相关的餐饮企业因疫情而经营遇阻，整个羊肉消费市场形势依旧不容乐观。

二、发展趋势

（一）羊肉市场供给将保持偏紧状态

虽然从国外进口的量较少，但近十年进口总量占总供给量的比重不断上升，这也意味着我国羊肉自给率不断下降。2021 年，随着国内新冠肺炎疫情的发展逐渐得到控制，羊肉国内供给量整体有所增加，但增幅不太非常明显，主要是因为产业结构调整速度较慢，且肉羊饲养周期较长、环境资源约束等限制性因素的影响仍较显著。同时，羊肉进口关税进一步降低，国外羊肉在价格上更具优势。随着战略合作关系的深化，“一带一路”沿线国家或将进入羊肉进口来源国之列，我国羊肉进口渠道有望得到拓展；加之消费者对于进口羊肉的需求稳步提升，在进出口限制有所放宽的前提下，2021 年羊肉进口量或将由跌转升。

（二）国内羊肉市场需求将继续增加

从我国羊肉出口情况来看，相较于国内产量，我国对外出口羊肉绝对数量很少，多年来一直缓慢下降，预计 2021 年我国羊肉出口量也将保持稳中略降的发展态势。

（三）羊肉价格上涨空间有限

短期内我国羊肉市场需求端增长较快，但供给端仍然偏紧，这种供需不平衡状态在2021年持续。考虑到2020年羊肉市场价格已经达到历史峰值，且经过一整年的恢复，2021年羊肉整体价格可能下降。

第三节　农户肉羊科学养殖的需求

一、品种需求

想进一步改进传统饲养方法，加速育肥，首先要解决品种问题。我国目前饲养肉羊品种共30余种，主要有小尾寒羊、杜泊羊、波尔山羊、夏洛莱羊、无角陶赛特羊等。

二、技术需求

（一）引种技术

提高品种培育技术，引用纯种肉用品种是肉羊产业实施杂交育种和经济杂交时获得优秀父本的根源。在育种中，充分利用现代分子生物学的各项新技术，如遗传标记辅助选择育种、BLUP方法等将有利于提高肉羊生产性能。

（二）人工干预与工厂化高效肉羊配套技术

肉羊生产场址上充分利用城郊和城镇的地域优势，在有效保持生态环境的前提下以追求最大经济效益为目标，不断提高生产水平。按照市场需求组织生产，人工控制环境条件，严格按照生产要求和不同类型营养需求标准配制日粮。在设施内羊群要达到最大规模，原料渠道要正规化。

（三）对羔羊实施早期培育技术

羔羊生产是工厂化高效羊生产的重要环节之一，是工厂化养羊成败的关键。羔羊断奶时间是 20 天至 1 月龄，补料时间在出生后 5～7 天。对羔羊实施早期培育，有实现反季节生产、降低生产成本、充分利用多胎绵羊品种、缩短繁殖周期等优点。

（四）育种技术

（1）持续选育舍饲新品种，如更广泛地以小尾寒羊和湖羊作为种源，来培养舍饲高繁殖力的新品种。

（2）选育和利用引入品种，如对引入品种持续选育，形成了波尔山羊、杜泊羊、夏洛莱羊等核心群；应用引入品种与本地品种杂交，成功培育出了鲁中肉羊和黄淮肉羊等新品种（系）；对引进品种，如萨福克羊生产胚胎进行冷冻保存。

（3）持续选育优化本地品种，如审定了草原短尾羊等新品种。

（4）研制先进设备和软件，如研制了一批自动测定设备和育种软件，创建了一些表型数据库平台、遗传参数评估和分子育种平台，初步形成了育种技术平台和产业化技术支撑平台。

（五）提高肉羊饲料质量技术

肉羊产业很大部分依赖于饲料资源的供给，提高干草和青贮饲料的推广，针对肉羊不同生长时期，以及区域农产品和农副产品资源特点，合理退牧还草，增强肉羊对饲草的供应能力，提高饲料转化率。

（六）建立完备的疾病防御体系和相关管理制度

建立标准化生产体系及生产规程，提高肉羊养殖业的集约化水平；保证品种、饲料、防疫等标准化制度的实施；着重抓好疫病预防工作，严格执行检疫制度，杜绝疫病羊产品流入市场。

另外，还包括屠宰与羊肉加工技术、生产与环境控制技术等。

第二章
肉羊科学养殖的场舍建设

第一节　场址选择及场区布局

一、场址选择

（一）地势要平坦

羊舍场地要求地势较高，这种场地排水良好，可防止地表积水，舍内外容易干燥，符合羊喜干厌湿的生活习性。如果土地黏性过大，透气性差，不易排水，则不适于建场。羊长期生活在低洼、潮湿的地方就容易发生寄生虫病和腐蹄病。在山区则应选择背风向阳、面积较宽敞的缓坡地建场。

（二）交通要便利

放牧育肥羊场、舍饲育肥羊场要求交通便利，便于运输饲草。羊场距离主干线公路、铁路、城镇居民区和公共场所应在 1 000 米以上，远离高压线。羊场周围 2 500 米以内无肉品加工厂、大型化工厂及畜牧场污染源，且周围要建立绿化隔离带。

（三）要有充足的水源和良好的水质

羊场要保持水质干净，水中固体物总含量、大肠杆菌数、亚硝酸盐和硝酸盐的总含量等都要符合卫生标准。在建场前应考察当地

地下水资源和地表水情况，防止因水质问题而导致疾病发生，同时要远离屠宰场和排放污水的工厂。

（四）要利于预防疾病

不要在有传染病和寄生虫病的疫区建场，建羊场时要了解周围养殖场的疫情状况，一旦发生疫情要对羊场进行隔离封锁。

二、场区布局

（一）分区

羊场一般分为三个区，即管理区、生产区和病羊区。管理区包括职工生活区、建筑物与设施等；生产区包括羊舍及饲料加工调制、贮存区等；病羊区包括隔离舍、兽医室及粪尿处理场地。管理区安排在最高处，其他依次为生产区、病羊区，各区间距要保持一定距离。羊舍的布局次序应是种公羊、母羊、羔羊、育肥羊。

（二）建设运动场

运动场应有坡度，以便排水和保持干燥，四周设置围栏，应选择在背风向阳的地方。运动场设有遮阳设施，运动场面积每只羊平均 2～4 米^2。

（三）对道路进行处理

场内主干道与场外运输线路连接，其宽为 5～6 米，支干道宽为 2.5～3 米。要求路面坚实、排水良好。道路两侧应有排水沟，并植树。场内净道与污道分开，互不交叉。

第二节　羊舍建筑

一、羊舍基本结构

（一）占地面积

羊舍的占地面积应根据羊群规模大小、品种、性别、生理状况和当地气候等情况确定，一般以保持舍内干燥、空气新鲜，利于冬季保暖、夏季防暑为原则。各类羊每只所需饲养面积如下：成年种公羊为4.0～6.0米^2，产羔母羊为1.5～2.0米^2（产羔舍按基础母羊占地面积的20%～25%计算，断奶羔羊为0.2～0.4米^2），其他羊为0.7～1.0米^2。运动场面积一般为羊舍面积的1.5～3倍。

（二）地面

羊舍的地面最少应有1%～1.5%的坡度，便于排粪和排尿液。地面要便于消毒，一般有实地面和漏缝地面两种。饲料间、人工授精室、产羔室可用水泥地面，以便消毒。通常情况下羊舍地面要高出舍外地面20厘米以上。羊舍地面有以下几种类型：

1. 土质地面 属于暖地面（软地面）类型。土质地面（图2-1）虽然造价低廉，但遇水后易变黏，羊易得腐蹄病。土质地面中可混入石灰以增强土的黏固性，粉状石灰和松散粉土按3∶7或4∶6的体积比加适量水拌合即可制成灰土地面。也可用石灰∶黏土∶碎石（碎砖或矿渣）按1∶2∶7或1∶3∶6的比例拌制成三合土。一般石灰用量为石灰土总重的6%～12%，石灰含量越大，强度和耐水性越高。土质地面柔软，富有弹性也不光滑，易于保温，造价低廉。缺点是不够坚固，容易出现小坑，不便于清扫和消毒，易潮湿，只能在干燥地区使用。

2. 砖砌地面和水泥地面 较硬，对羊蹄发育不利，但便于清扫和消毒，应用最普遍。

（1）砖砌地面 属于冷地面（硬地面）类型。因砖的孔隙较多，导热性小，所以具有一定的保温性能（图2-2）。用砖砌地面时，砖宜立砌，不易平铺。砖地面易磨损，遇水后易被冻碎，容易形成坑洼，不便于清扫消毒。

（2）水泥地面 属于硬地面，为防止地面湿滑，可将表面做成麻面。水泥地面的羊舍内最好设木床，供羊休息、躺卧。优点是结实，不透水，便于清扫消毒；缺点是造价高，地面太硬，保温性差。

图 2-1　土质地面

图 2-2　砖砌地面

3. 漏缝地板　为了能给羊提供干燥的卧地，集约化羊场和种羊场可用漏缝地板（图 2-3），国外大型羊场和国内南方一些羊场已普遍采用。国外典型漏缝地面羊舍为封闭的双坡式，跨度为 6.0 米，地面漏缝木条宽 50 毫米，厚 25 毫米，缝隙宽2 毫米。有的地区采用活动的漏缝木条地面，以便于清扫粪便。木条宽 32 毫米，厚 36 毫米，缝隙宽 15 毫米。漏缝应小于羊蹄面积，以清除羊粪时羊蹄不掉入漏缝为宜。

图 2-3　漏粪地板

（三）墙体

墙体起保温与隔热的重要作用，一般多采用土、砖和石等材料。土墙造价低，保暖性能好；但易湿，不易消毒。砖墙有半砖墙、一砖墙、一砖半墙等，墙越厚其保暖性能越强。墙体要坚固、保暖。在北方墙厚为 24 厘米或 37 厘米。栅栏式羊舍后墙高 1.8 米或 2.2 米。

（四）门窗

舍门以羊能顺利通过不拥挤为宜。大群饲养时，冬、春季妊娠母羊和产羔母羊经过的舍门以 3 米宽、2 米高为宜；羊只数少或分栏饲养的舍门面积为 1.5 米×2.5 米，育肥羊舍舍门面积为 1.2 米×2

米。寒冷地区的羊舍，在大门外添设套门能防冷空气直接侵入。

羊舍窗户面积一般约为舍内地面面积的 1/15，窗户应向阳，距离地面 1.5 米以上。我国南方气候炎热、多雨、潮湿，门窗以敞开为好。羊舍南面或南北两面可加修 0.9～1 米高的矮墙，上半部敞开，以保证羊舍干燥通风。

以上相关图片见图 2－4 和图 2－5。

图 2－4　门及前窗

图 2－5　羊舍后窗

（五）舍顶

要求选用隔热、保温性能好的材料，并有一定的厚度，结构简单，经久耐用。同时，应具备防雨功能，挡雨层可用陶瓦、石棉瓦、金属板和油毡等制作。在挡雨层下面，铺设保温隔热材料，常用的有玻璃丝、泡沫板和聚氨酯等。半封闭式羊舍屋顶多用水泥板或木椽、油毡等，棚式羊舍多用木椽和芦席。

以上相关图片见图 2－6 和图 2－7。

图 2－6　彩钢瓦顶棚

图 2－7　木质顶棚

(六) 羊舍高度

一般高度为 2.5 米左右，单坡式羊舍后墙高 1.8 米、前墙高 2.2 米。南方羊舍可以适当提高高度，以利于防潮、防暑。羊的饲养数量少时，圈舍高度可以略低，坡度倾斜，以利于排水。

二、羊舍类型

(一) 根据墙体封闭程度不同划分

1. 封闭式羊舍　四面环墙，封闭严密，具有保湿性能强的特点，多用于气候条件不太好的地区，冬季能防风。一般向阳面为 2.0～2.5 倍于舍内面积的运动场。此类型羊舍适用于寒冷地区。

2. 半开放式羊舍　三面有墙，一面为半截墙，保温效果稍优于开放式，采光和通风好，但保湿性能差，适用于气候不十分恶劣的温暖地区。

3. 开放式羊舍　朝阳面敞开延伸成活动场，三面有墙，防太阳辐射的能力强，保湿性差，适合炎热地区。

4. 棚式羊舍　只有屋顶，没有墙壁，可防太阳照射，适用于炎热地区。我国西北、东北地区采用塑膜暖棚羊舍，属封闭式棚舍。

(二) 根据羊床和饲槽排列划分

根据羊床和饲槽排列情况来划分，可将羊舍分为单列式、双列式。单列式羊舍跨度小，自然采光好，适于小型羊场和农户；双列式羊舍跨度大，保温性好，但采光和通风差，占地面积小。

1. 单列式羊舍　单列式羊舍一般坐北朝南排列，羊舍跨度一般为 5.0～6.0 米。运动场应设在羊舍的南面。南方地区多采用漏粪地板羊舍，洁净、干燥，不残留粪便和便于清扫。漏粪地板可用木条和竹片制作，木条宽 3.2 厘米、厚 3.6 厘米。羊床大小可根据圈舍面积和羊的数量而定。也有商品漏缝地板材料出售。羊舍前檐高 300 厘米，羊床漏粪地板长 400 厘米、宽 4 厘米、厚 4 厘米，板间距2～3 厘米，板距离地面 120 厘米，羊床前栏杆高 100～120 厘米。羊舍底部用水泥抹平，沿蓄粪池方向成 30%以上坡度，以便羊粪经排粪沟排到舍外蓄粪池。单列房屋式羊舍见图 2-8。

2. 双列式羊舍 双列式羊舍应南北向排列，一般舍宽 8.0～12.0 厘米，檐口 2.4～3.0 米，舍内走廊宽 130 厘米左右。运动场设在羊舍的东西两侧，以利于采光。运动场地面应低于羊舍地面，并向外稍有倾斜，便于排水和保持干燥。运动场墙高：绵羊 130 厘米，山羊 160 厘米，两低侧有排尿沟，水泥地面，有倾斜角。双列式漏缝地板式羊舍单层砖木结构，长 30 米、宽 7.5 米（含 1.5 米饲喂通道），高 5 米，运动场位于羊舍后方宽 4 米，砖砌高 1.5 米。双列房屋式羊舍见图 2-9。

图 2-8　单列房屋式羊舍

图 2-9　双列房屋式羊舍

第三节　羊场主要设施设备

一、饲养设施

（一）饲槽与饲喂设施

在饲喂场内用砖、石、水泥等砌成的固定饲槽，一般上宽下

窄。饲槽通常有固定式、移动式两种。运动场可以制作移动式饲槽，移动方便，多用于冬季舍内饲喂及转场途中补盐。

大型集约化养羊场，需要使用大容量饲喂器。羔羊采用自动饲喂器进行喂养，虽然摄入量和投入量都不是很精确，但可以减少饲料浪费，提高劳动效率。饲料投喂也可采用自制的简易自动饲槽，以防止羔羊四肢踩入槽内，污染饲料。饲槽离地面高度应随羔羊日龄增加而提高，以饲槽内饲料堆积不溢出为宜。

小规模饲养时饲槽一般长 1.5～2 米，按每只成年羊 30 厘米、羔羊 20 厘米来计算饲槽长度。限制饲养时需要更大的饲槽位置，一般建议为 25～30 厘米。

（二）草料架

草料架的形式有多种，有活动的、单面固定的等。利用草料架喂羊，可以减少饲草浪费，避免草屑污染羊毛，且粪尿不易污染饲草，能减少发病率。

（三）分羊栏

分羊栏由许多栅板或网围栏组成，供羊称重、打耳号、分群、防疫、驱虫时使用，其规模视羊群大小而定。沿分羊栏的一侧或两侧，可设置 3～4 个或更多的可以向两边开门的小圈，以便按生产管理的不同需要把羊分成若干小群。

（四）母仔栏

为了对产羔母羊进行补饲和羔羊哺乳，常设母仔栏。母仔栏用木板或钢筋制成，将两块栅板用铰链连接即可。使用时将活动栅栏在羊舍一角成直角展开，并固定在羊舍墙壁上（图 2－10 和图 2－11）。

（五）药浴池

药浴池一般用水泥筑成，为长方形的水沟状（图 2－12 和

图 2－13)，也有喷淋式药浴池（图 2－14)。在大型羊场或养羊较为集中的乡镇，可建造永久性药浴设施；在牧区或养羊较少而且分散的农区，可采用小型药浴池或活动药浴设备。羊药浴后，应在出口端停留一段时间，使身上的药液流回浴池。

图 2－10　单个母仔栏

图 2－11　多个母仔栏

图 2－12　药浴池纵观

图 2－13　药浴池全貌

图 2－14　喷淋式药浴池

二、机械加工设施

（一）铡草机

铡草机主要用于切短茎秆类饲草，以提高秸秆饲料的利用率。机型又分为大、中、小三种，设备简单，成本较低。

（二）牧草收获机

牧草收获机是现代化养羊尤其是种草养羊业中的重要机械之一。如草捆收获机械系统，由割草机、搂草机、捡拾压草机构成，如果是大型号系统的还有大圆捆机和大圆捆装载车等组成。使用牧草收获机，工作效率高。

（三）粉碎机

粉碎机是舍饲养羊必备的饲料加工设备，主要用于粉碎精饲料和粗饲料。常见的粉碎机有劲锤式、锤片式、爪式和对辊式四种类型。劲锤式粉碎机有较强的粉碎能力；锤片式粉碎机的特点是生产效率高，既能粉碎谷物等精饲料，又能粉碎青粗饲料；爪式粉碎机结构紧凑、体积小、重量轻，适用于粉碎含纤维较少的精饲料；对辊式粉碎机主要用于粉碎饼粕饲料。生产上可以根据实际需要来选择不同类型的粉碎机。

（四）颗粒饲料机

1. 平模饲料颗粒机　结构简单，占地面积小，噪声低，价格便宜，饲料添加后即可进行制粒。制成的颗粒不仅硬度高，能提高营养的消化吸收，而且又能杀灭一般的致病微生物及寄生虫。适用于饲养专业户及小型饲养场。

2. 环模饲料颗粒机　结构简单；压制的颗粒硬度高、成分均匀、表面光滑、适口性好；颗粒密度大，便于贮存和运输；可加工各种不同要求的全价配合饲料。适用于中、小型养殖场。

（五）TMR 饲喂设备

TMR 饲料搅拌车能将粗饲料、青绿饲料、青贮饲料、能量饲料、蛋白质饲料、矿物质饲料等，在数分钟之内完成切割、搅拌、揉搓、运输、卸料等一系列的工作。TMR 饲喂设备包括卧式自走式搅拌车、卧式固定式搅拌车。一台 5 吨的 TMR 混料饲喂车，可以饲喂 3 000 只以上的羊。

三、青贮设施

（一）青贮窖和青贮壕

结构简单，成本低，易推广，是最实用、经济的一种青贮设备。青贮窖多为地上式（图 2－15）、地下式（图 2－16）或半地下式，地上式青贮窖可以有效防止雨水倒灌。在制作青贮窖或青贮壕时，必须考虑到其周边要排水方便，以免因夏季雨水或冬、春季雪水融化而造成积水，导致青贮料发生霉烂。

图 2－15　地上式青贮窖示意图

图 2-16　地下式青贮窖示意图

（二）青贮塔

青贮塔塔身用木材、砖或石料砌成。塔基坚固、塔壁牢实、表面光滑，不透水、不漏气。塔顶和塔侧壁开有可密闭的填料口，塔底设取料口。全塔式直径 4～6 米，高 6～16 米，容量 75～200 吨。半塔式埋在地下的深度为 3～3.5 米，地上部分高 4～6 米。

（三）袋式灌装青贮

采用袋装青贮（图 2-17）时，要注意防止鼠害。青贮袋一般用 1.6～2.0 毫米的厚型聚乙烯塑料压制而成，直径 2.5～2.7 米，长度可达 30 米以上。

图 2-17　袋式灌装青贮

第三章
肉羊品种选择技术

第一节　肉羊的基本特征

一、体型外貌特征

（一）肉用绵羊

1. 皮肤　皮下结缔组织及内脏器官发达，脂肪沉积量高，皮肤薄而疏松。

2. 骨骼　因肉羊管状骨钙化迅速，生长停止期早，故其骨骼比较短。

3. 头骨　羊头一般短而宽，鼻梁稍向内弯曲或呈拱形。

4. 颈部　颈部较短，且由于肌肉和脂肪发达，因此颈部显得宽深而呈圆形。

5. 鬐甲　鬐甲很宽，与背部平行。

6. 背部　背部宽而平。

7. 腰部　腰部平直而宽，故显得肉多。

8. 臀部　臀部与背部、腰部一致，肌肉丰满，后视则两腿开张呈倒U形。

9. 胸部　胸腔宽而圆，肋骨开张良好，心肺系统发达。

10. 四肢　四肢短而细，前后肢发育良好，肢蹄端正且坚实而有力。

（二）肉用山羊

体型外貌与肉用绵羊的大致相同，要求背腰宽且平直，臀部丰满，肋骨开张、发育良好，胸宽而深，肢体坚实而有力。

二、生物学特征

（一）群居性强

肉羊的合群性很强，当受到惊扰时常互相拥挤在一起，驱赶时跟“头羊”前进。肉羊在群居中还表现出喜欢欺生、争强好斗的特性，当羊产羔后重新返群或外群羊进入时，很容易受到本群羊的欺负和排挤，待3～5天重新排出优胜顺序后羊群才恢复正常。因此，管理中应保持羊群的相对稳定性。

（二）喜干怕湿，喜清洁

肉羊汗腺欠发达，散热能力较差，因此适合在凉爽、干燥的地区生活。在低洼、潮湿的环境中羊容易患寄生虫病、腐蹄病等，其生长发育也会受到影响。肉羊喜欢洁净的饲草和清洁的饮用水，在采食或饮水前，喜欢用鼻子嗅一嗅。如饲草或饮水有异味或被污染、发霉变质等，则羊拒绝采食和饮用。

（三）采食性强，食性广

羊能啃食矮草和利用其他家畜不能利用的饲草饲料，但最爱吃的是多汁、柔嫩、低矮、略带咸味或苦味的植物，同时要求草料洁净，凡被践踏、躺卧或粪尿污染过的草，一般都避而不吃。山羊的食性比绵羊广，除能采食各种杂草外，还偏爱灌木枝叶和野果，是一种防止灌木丛面积扩大的生物调节者，此外还喜欢啃食树皮。

（四）适应性强

1. 耐粗性　与肉用绵羊比较，肉用山羊更能耐粗饲，不仅能采食各种杂草，而且还能啃食一定数量的树皮，对粗纤维的消化率比绵羊高3.7%。

2. 耐渴性 羊很耐渴，在夏、秋季缺水时，它们能在黎明时分，沿牧场快速移动，用唇和舌接触牧草，以便更多地搜集叶上凝结的露珠。但山羊比绵羊更能耐渴。

3. 耐热性 绵羊汗腺不发达，蒸发散热主要靠喘气，其耐热性较山羊差。当夏季中午炎热时，绵羊常有停食、喘气和“扎窝子”等表现。而山羊从不扎窝，不怕炎热，在气温为37～38℃时仍能继续采食。

4. 耐寒性 绵羊由于有厚密的被毛和较多的皮下脂肪，能减少体热散发，故其耐寒性强于山羊。细毛羊及其杂种被毛虽厚，但皮较薄，故其耐寒能力不如粗毛羊。

5. 抗病能力强 放牧条件下的各种羊，只要能吃饱饮足，一般全年较少发病，在夏季肥膘时期更是体壮少病。膘情好时对疾病的耐受力较强，一般不表现症状，有的临死还勉强吃草跟群。山羊的抗病力高于绵羊，感染寄生虫病和腐蹄病的也较少。粗毛羊的抗病力又较细毛羊及其杂种为强。

6. 抗灾荒能力强 各种羊的抗灾能力不同，因此突然死亡的比例相差很大。山羊因食量小、食性杂，故抗灾能力强于绵羊。

（五）胆小怕惊，性情温驯

山羊机警灵敏，较活泼好动，能较好地听从人的指挥。而绵羊胆小怯懦，反应迟钝，受到突然惊吓后容易“炸群”，四处逃避。因此，必须加强放牧管理，保持羊群安静。

（六）嗅觉灵敏

羊嗅觉灵敏，母羊主要凭嗅觉识别自己所产的羔羊。羔羊出生后虽然与母羊只接触几分钟，但母羊就能通过嗅觉识别自己所产的羔羊。在生产上多利用这一特性寄养羔羊，只要在被寄养的孤羔和多胎羔身上涂抹保姆羊的羊水或尿，则大多情况下能寄养成功。

第二节　主要肉用绵羊品种

一、国外引进优良品种

（一）罗姆尼羊

见图 3－1。

图 3－1　罗姆尼羊（左公右母）

1. 特征　因生态条件不同，各国罗姆尼羊的体型外貌有一定差异。英国罗姆尼羊四肢较高，体躯长而宽，后躯比较发达，头形略狭长，头、四肢羊毛覆盖较差，体质结实，骨骼坚强，游走能力好。新西兰姆罗尼羊肉用体型好，四肢短矮，背腰宽平，体躯长，头和四肢羊毛覆盖良好，但游走能力差。澳大利亚罗姆尼羊介于两者之间。

2. 生产性能

（1）英国罗姆尼羊　成年羊体重公羊 80 千克，母羊 41 千克。成年羊剪毛量公羊 7 千克，母羊 3.5 千克。成年羊毛长公羊 13 厘米，母羊 11.5 厘米。毛细 50～60 支，净毛率 45.5%～53%。产羔率 104.6%。

（2）新西兰罗姆尼羊　成年羊体重公羊 77.5 千克，母羊 43 千克。成年羊剪毛量公羊 7.5 千克，母羊 4 千克。成年羊毛长公羊 15 厘米，母羊 12.5 厘米。毛细 44～46 支，净毛率 58%～60%。产羔率 106%。

(3) 澳大利亚罗姆尼羊　成年羊体重公羊 87 千克，母羊 43 千克。成年羊剪毛量公羊 7.23 千克，母羊 3.5 千克。成年羊毛长公羊 15.5 厘米，母羊 13 厘米。净毛率 60%。产羔率 105.5%。

(二) 林肯羊

见图 3-2。

图 3-2　林肯羊（左公右母）

1. 特征　林肯羊体质结实，体躯高大，结构匀称。公、母羊均无角，头长颈短，前额有绺毛下垂；背腰平直，腰臀宽广，肋骨开张良好；四肢较短而端正；脸、耳及四肢为白色，偶尔出现小黑点。

2. 生产性能　成年羊体重公羊 73～93 千克，母羊 55～70 千克。产羔率 120%左右。4 月龄育肥羔羊胴体重公羔 22.0 千克，母羔 20.5 千克。该品种羊抗潮湿能力强，但对饲养管理条件的要求较高，早熟性也比较差。

(三) 边区莱斯特羊

见图 3-3。

1. 特征　边区莱斯特羊体质结实，体型结构良好，体躯长，背宽平。公、母羊均无角，鼻梁隆起，两耳竖立，头部及四肢无羊毛覆盖。

2. 生产性能　成年羊体重公羊 70～85 千克，母羊 55～65 千克。成年羊剪毛量公羊 5～9 千克，母羊 3～5 千克，净毛率 65%～

图 3-3　边区莱斯特羊（左公右母）

68%，毛长 20～25 厘米，毛细 44～48 支；产羔率 150%～200%；4～5月龄羔羊胴体重为 20～22 千克。

（四）考力代羊

见图 3-4。

图 3-4　考力代羊（左公右母）

1. 特征　考力代羊头宽而大，额上覆盖着羊毛。公、母羊大多数无角，个别公羊有小角。头宽，颈短，肋部开张。被毛白色，头、耳、四肢带黑斑，嘴唇及蹄部为黑色。皮肤无皱褶，胸深宽，背腰平直，体躯呈圆桶状。肌肉丰满，后躯发育较好，四肢结实。腹毛着生良好。

2. 生产性能　具有早熟及产肉和产毛性能好的特点。成年羊体重公羊 100～115 千克，母羊 60～65 千克，屠宰率成年羊可达 52%。成年羊剪毛量公羊 10～12 千克，母羊 5～6 千克。成年羊毛长公羊 10.7～13.8 厘米，母羊 11.4～11.7 厘米。成年羊羊毛细度公羊 31.52 微米，母羊 30.22 微米。毛细 50～56 支，均匀度良好，强度大，弯曲明显，油汗适中，净毛率为 60%～65%。产羔率为 110%～130%。

（五）无角陶赛特羊

见图 3－5。

图 3－5　无角陶赛特羊（左公右母）

1. 特征　全身被毛白色。公、母羊均无角。颈粗短，胸宽深，背腰平直，躯体呈圆桶状，后躯丰满，四肢粗短。

2. 生产性能　成年羊体重公羊 90～100 千克，母羊 55～65 千克。胴体品质和产肉性能好。产羔率在 130%左右，能全年发情配种。

（六）萨福克羊

见图 3－6。

1. 特征　萨福克羊体躯白色，头、耳及四肢均黑色。公、母羊均无角，颈粗短，胸宽深，背腰平直，后躯发育丰满，四肢粗壮而结实。

2. 生产性能　成年羊体重公羊 113～159 千克，母羊 81～113 千克；成年羊剪毛量公羊 5～6 千克，母羊 2.25～3.6 千克，毛长 7～8厘米。产肉性能好，经育肥 4 月龄胴体重公羔 24.2 千克，母羔 19.7 千克，肉嫩，脂肪含量少。产羔率为 130%～140%。

图 3-6　萨福克羊（左公右母）

（七）夏洛来羊

见图 3-7。

图 3-7　夏洛来羊（左公右母）

1. 特征　夏洛来羊头部无毛，脸部呈粉红色或灰色，额宽，耳大；体躯长，胸深宽，背腰平直，肌肉丰满，后躯宽大；两后肢间距大，肌肉发达，四肢较短。

2. 生产性能　成年羊体重公羊 100～150 千克，母羊 75～95 千克；羔羊生长发育快，6 月龄体重公羔可达 48～53 千克，母羔 38～43 千克；7 月龄出售的种羊标准公羊 50～55 千克，母羊 40～45 千克；周岁时体重公羊 70～90 千克，母羊 50～70 千克。育肥后 4 月龄羔羊体重 35～45 千克，胴体重 20～23 千克，且胴体瘦肉多、脂肪少。产羔率在 180%以上。

（八）特克赛尔羊

见图 3-8。

图 3-8 特可赛尔羊（左公右母）

1. 特征 该品种公、母羊均无角，被毛全白，头部无前额毛，四肢无被毛，鼻镜、唇及蹄冠毛为黑褐色。体躯呈长的圆桶状，额宽，耳长大，颈短粗，肩宽平，胸宽深，背腰长而平，后躯发育好，肌肉充实。

2. 生产性能 具有性成熟早、多胎、羔羊生长速度快、产肉性能好、耐粗饲、适应性强、在放牧条件下的肉骨比和肉脂比高等特性。成年羊体重公羊 85～140 千克，母羊 60～90 千克。4～6 月龄羔羊平均屠宰率为 55%～60%，瘦肉率、胴体出肉率高。剪毛量 5～6 千克，毛长 7～15 厘米，毛细 50～60 支，净毛率 60%。母羊 7～8 月龄便可配种，且发情季节较长。80%的母羊产双羔，产羔率为150%～200%。

（九）杜泊羊

见图 3-9。

1. 特征 杜泊羊体躯和四肢皆为白色，头顶部平直，颈粗短，肩宽厚，背平直，肋骨拱圆，前胸丰满，后躯肌肉发达，身体结实。能适应炎热、干旱、潮湿、寒冷等多种气候条件，采食性能良好。

2. 生产性能 杜泊羊生长速度快，成熟早，瘦肉多，胴体质量好。母羊繁殖力强，发情季节长，母性好。成年羊体重公羊 100～110 千克，母羊 75～95 千克。3.5～4 月龄的杜泊羊体重可达 36 千克，胴体约为 16 千克。四季产羔，产羔间隔期为 8 个月。在饲料

图 3-9　杜泊羊（左公右母）

条件和管理条件较好的情况下，可 2 年产 3 胎，一般产羔率能达到 150%。杜泊羊遗传性很稳定，无论是纯繁后代还是改良后代，都能表现出极好的生产性能与适应能力，特别是产肉性能高，且肉中脂肪分布均匀，为高品质胴体。

（十）德国肉用美利奴羊

见图 3-10。

图 3-10　德国肉用美利奴羊（左公右母）

1. 特征　该品种羊被毛白色，密而长，弯曲明显。公、母羊均无角，体格大，胸宽深，背腰平直，肌肉丰满，后躯发育良好。耐粗饲，生长发育速度快，肉用性能好。

2. 生产性能　成年羊体重公羊 90～100 千克，母羊 60～65 千克。羔羊日增重 300～350 克，6 月龄羔羊体重可达 40～45 千克，胴体重 19～23 千克，屠宰率 47%～51%。周岁内可配种，产羔率为 150%～175%。母羊泌乳力强，羔羊成活率高。

二、国内肉用地方优良绵羊品种

（一）阿勒泰羊

见图 3－11。

图 3－11 阿勒泰羊（左公右母）

1. 特征 阿拉泰羊头中等大，耳大下垂，公羊有大的螺旋形角，母羊中 2/3 的有角。公羊鼻梁深，鬐甲平宽，背平直，肌肉发育良好。四肢高而结实，股部肌肉丰满，在尾椎周围沉积大量脂肪而形成“臀脂”，下缘正中有一浅沟将其分成对称的两半。母羊乳房大，发育良好。毛色主要为棕褐色，部分个体为花色，纯白色、纯黑色者少。

2. 生产性能 阿勒泰羊属肉脂兼用粗毛羊，体格大，羔羊生长发育快，产肉能力强，适应终年放牧，另外具有良好的早熟性。平均 4 月龄体重公羔为 38.9 千克，母羔为 36.7 千克；1.5 岁体重公羊为 70 千克，母羊为 55 千克；成年平均体重公羊为 92.98 千克，母羊为 67.56 千克。成年羯羊的屠宰率为 52.88%，胴体重平均为 39.5 千克，脂臀占胴体重的 17.97%。产羔率为 110.3%。

（二）乌珠穆沁羊

见图 3－12。

图 3-12 乌珠穆沁羊（左公右母）

1. 特征 乌珠穆沁羊体质结实，体格较大。头大小中等，额稍宽，鼻梁微突。公羊有角或无角，母羊多无角。颈中等长，体躯宽而深，胸围较大，背腰宽平，体躯较长，后躯发育良好，肉用体型比较明显。四肢粗壮，尾肥大、宽且稍大于尾长，尾中部有一纵沟，稍向上弯曲。以黑头羊居多。

2. 生产性能 乌珠穆沁羊生长发育速度较快，2.5～3 月龄平均体重公羔为 29.5 千克，母羔为 24.9 千克；6 月龄平均体重公羔为 40 千克，母羔为 36 千克；成年羊体重公羊 60～70 千克，母羊 56～62 千克。平均胴体重 17.90 千克，屠宰率 50%，平均净肉重 11.80 千克，净肉率为 33%。乌珠穆沁羊一年剪毛两次，羊毛重量公羊的为 1.9 千克，母羊的为 1.4 千克。

（三）小尾寒羊

见图 3-13。

图 3-13 小尾寒羊（左公右母）

1. 特征 小尾寒羊是中国乃至世界著名的具有多胎高产的裘（皮）肉兼用型优良绵羊品种。被毛白色，少数羊头部、四肢有黑色斑点或斑块。公羊前胸较深，鬐甲高，背腰平直，体躯高大，侧视呈长方形，四肢粗壮。尾略呈椭圆形，下端有纵沟，尾长在飞节以上。

2. 生产性能 具有早熟、多胎、生长速度快、产肉多、裘皮好、遗传性稳定和适应性强等优点。小尾寒羊成年羊体重公羊113千克，母羊65.9千克；周岁公羊活体重72.8千克，胴体重40.5千克，屠宰率55.6%，净肉率42.5%。2.5～5月龄是日增重最快、饲料转化率最高的时期，平均日增重194.6克，料重比2.9∶1。小尾寒羊母羊性成熟较早，5～6月龄即可发情，公羊7～8月龄可用于配种。母羊产羔率平均251.3%，其中初产羊产羔率229.5%，经产羊产羔率可达267.8%。

（四）大尾寒羊

见图3-14。

图3-14 大尾寒羊（左公右母）

1. 特征 大尾寒羊属大脂尾羊，为农区绵羊品种。鼻梁隆起，耳大下垂。产于山东、河北地区的公、母羊均无角，产于河南地区的公、母羊有角。全身被毛白色，杂色斑点少。被毛同质性好，羔皮轻薄，肉质好，繁殖力强。性情温顺，前躯发育较差，后躯比前躯高，四肢粗壮，蹄质结实。大尾寒羊公、母羊的尾都超过飞节，

长者可以接近或拖及地面，形成明显尾沟。大尾寒羊因尾脂庞大肥硕下垂，而使尻部倾斜，臀端不明显。

2. 生产性能　成年羊体重公羊 72 千克，母羊 52 千克。屠宰率成年羊为 62%～69%，1 岁羊为 55%～64%。成年母羊的尾脂重一般为 10.5 千克左右。产羔率为 190%。产区一年剪毛两次或三次，平均剪毛量公羊为 3.30 千克，母羊为 2.70 千克。大尾寒羊的羔皮和二毛皮，毛股洁白，光泽度好，有明显的花穗，毛股弯曲由大浅圆形到深弯曲构成，一般有 6～8 个弯曲。毛皮经加工后质地柔软，美观轻便，毛股不易松散，以周岁内羔皮质量最好。大尾寒羊毛被同质性好，羊毛可用于纺织呢绒、毛线等。产肉性能和肉质好，繁殖力高。

第三节　主要肉用山羊品种

一、国外引进优良品种

以下主要介绍波尔山羊品种（图 3-15）。

图 3-15　波尔山羊（左公右母）

1. 特征　波尔山羊具有体型大、生长速度快、繁殖力强、产羔多、屠宰率高、肉质细嫩、适口性好、耐粗饲、适应性强、抗病力强和遗传性稳定等特点，是优良公羊的重要品种来源，作为终端父本能显著提高杂交后代的生长速度和产肉性能，有“肉羊之父”的美称。波尔山羊体躯结构良好，四肢短而结实，背宽而平直，肌肉丰满，整个体躯圆厚而紧凑。改良型波尔山羊毛色为白色，头、颈部为红褐色，额端到唇端有一条白色毛带。波尔山羊头大额宽，鼻梁隆起，嘴阔，眼大、呈棕色，耳宽下垂。公、母羊均有角且坚实，长度中等。颈粗壮，长度适中，且与体长相称。体躯深而宽阔，呈圆筒形。肋骨开张与腰部相称。背部宽阔而平直。腹部紧凑。尻部宽而长，臀部和腿部肌肉丰满。尾平直，尾根粗、上翘。四肢端正，短而粗壮，系部关节坚韧，蹄壳坚实，呈黑色。

2. 生产性能 波尔山羊生长发育速度快，新生羔羊体重一般3～4千克，公羔比母羔重约0.5千克；断奶体重一般在20～25千克；7月龄体重公羊40～50千克，母羊35～45千克；周岁体重公羊50～70千克，母羊45～65千克；成年羊体重公羊90～130千克，母羊60～90千克。肉用性能好，屠宰率较高，8～10月龄平均为48.3%，周岁、2岁和3岁屠宰时的屠宰率分别可达50%、52%和54%。波尔山羊可维持生产价值至7岁，是世界上著名的生产高品质瘦肉的山羊品种。一年产二胎或二年产三胎，每胎平均产羔2～3只。使用寿命长，生育年限为10年。

二、国内肉用地方优良山羊品种

（一）南江黄羊

见图3-16。

图3-16　南江黄羊（左公右母）

1. 特征　南江黄羊体型高大。体高公羊 70 厘米左右，母羊 65 厘米左右。被毛黄色，沿背脊有一条明显的黑色背线。毛短，紧贴皮肤，富有光泽，被毛内侧有少许绒毛。耳大微垂，鼻额宽。前胸深广，颈肩结合良好，背腰平直，四肢粗长，结构匀称。公羊颜面毛色较黑，前胸、颈肩、腹部及大腿处被毛黑而长，头略显粗重。母羊颜面清秀，颈较细长，乳房发育良好。

2. 生产性能　南江黄羊生长发育速度快，性成熟早，繁殖力强。成年羊体重公羊 60～80 千克，母羊 40～65 千克。公羊 12～18 月龄或体重达 35 千克以上、母羊 6～8 月龄或体重达到 25 千克以上，即可用于配种。母羊全年发情，发情周期 20 天左右，发情持续时间 34 小时左右。妊娠期为 145～151 天。经产母羊年产 1.82 胎，胎产羔率 200%，繁殖成活率达 90%以上。屠宰率可达 44%，肉质鲜嫩，营养丰富，蛋白质含量高，胆固醇含量低，膻味极轻，口感甚好。板皮质地良好，细致而结实，薄厚均匀，抗张力强，延伸率大，弹性好。

（二）黄淮山羊

见图 3－17。

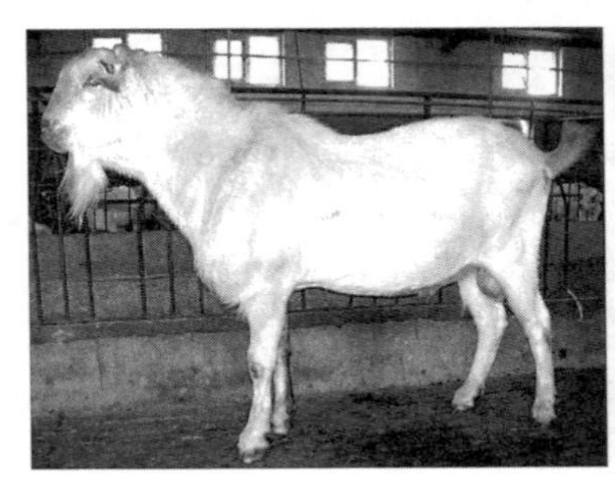

图 3－17　黄淮山羊（左公右母）

1. 特征　黄淮山羊体型中等，结构匀称，骨骼较细，鼻梁平直，面部微凹，下颌部有髯，可分为有角和无角两种类型。公羊角粗大，母羊角细小，呈镰刀状。颈部中等长短，肋骨开张良好，背腰平直，体躯呈圆筒状，四肢强壮而结实。被毛白色，毛短，有丝光，绒毛很少。

2. 生产性能 黄淮山羊平均体重公羊 34 千克左右，母羊 26 千克左右。7～10 月龄羯羊宰前平均活重达 22 千克，胴体重 11 千克，屠宰率平均为 49%；成年羯羊宰前平均活重可达 26 千克，屠宰率达 46%。一般情况下，母羊 4～5 月龄发情配种，一年产两胎或两年产三胎，每胎平均产羔率为 239%。该品种具有性成熟早、生长发育速度快、四季发情及繁殖率高等特点。肉质鲜嫩，膻味小。板皮呈蜡黄色，细致柔软，油润发亮，弹性好，既是优良的制革原料，也是重要出口物资。

（三）成都麻羊

见图 3－18。

图 3－18 成都麻羊（左公右母）

1. 特征 因其被毛颜色带有棕黄色和黑麻色而得名成都麻羊，又因被毛似赤铜色也叫铜羊。体格中等，结构匀称，头中等大小，额微突，两耳侧伸。公羊前躯发达，体形呈长方形；母羊后躯宽深，乳房丰满。公、母羊大多有角，少数无角。公羊及多数母羊有胡须，少数羊颈下部有肉铃。头部有“十”字架或“画眉眼”等斑纹，两颊各具一浅灰色条纹，背部有黑色脊线，肩部有黑纹且沿肩胛两侧下伸，四肢及腹部有长毛。颈肩结合良好，背腰宽平，四肢粗壮。

2. 生产性能 产肉性能较好，鲜肉色泽红润，脂肪含量低，肉质细嫩多汁，膻味轻。成年羊体重公羊43千克左右，母羊35千克左右。羯羊屠宰率为45%。4～5月龄性成熟，12～14月龄初配，长年发情，年产两胎，经产母羊每胎产羔率为210%。母羊泌乳期为4～6个月，泌乳量为240千克。板皮致密，轻薄，张幅大，弹性好。

（四）雷州山羊

见图3-19。

图3-19 雷州山羊（左公右母）

1. 特征 是我国地方山羊中体型较大的品种。被毛大多数为黑色，少数为麻色、褐色等。公、母羊均有角，颈细长，背腰平直，臀部倾斜，胸稍窄，腹大，母羊乳房发育较好。

2. 生产性能 以成熟早、生长发育快、板皮品质好、繁殖力强而著名。周岁以上羊宰前活体重平均26千克，胴体重12.7千克，屠宰率49%。成年羊体重公羊49.1千克左右，母羊43.2千克左右。肉质好，脂肪分布均匀，无膻味。性成熟早，母羊5～8月龄即可配种。一般一年产两胎或两年产三胎，平均产羔率150%～200%。

（五）贵州白山羊

见图3-20。

图 3-20 贵州白山羊（左公右母）

1. 特征 贵州白山羊体型中等，头宽额平，大部分有角；颈部较圆，部分母羊颈下有一对肉垂，胸深，背宽平，体躯呈圆桶状，后躯发育良好，体长，四肢较矮。毛被较短，以白色为主，其次为麻色、黑色、花色，少数羊鼻、脸、耳部皮肤上有灰褐色斑点。

2. 生产性能 贵州白山羊周岁平均体重公羊 19.6 千克，母羊 18.3 千克；成年羊平均体重公羊 32.8 千克，母羊 30.8 千克。贵州白山羊肉质细嫩，肌肉间有脂肪分布，膻味轻。周岁羯羊平均活体重 24.11 千克，胴体重 11.45 千克，净肉重 8.83 千克，屠宰率 53.30%，胴体净肉率 68.72%；成年羯羊的上述指标相应为 47.53 千克、23.36 千克、4.27 千克、57.92%和 69.09%。性成熟早，公、母羔在 5 月龄即可发情配种，但一般在 7～8 月龄才配种。常年发情，年产两胎，从 1～7 胎（4 岁左右）产羔率逐渐上升，为 124.27%～180%，平均产羔率 273.6%，年繁殖存活率 243.19%。

第四节 肉羊选种与鉴定技术

一、外形部位识别

羊的体型外貌在一定程度上能反映出其生产力水平的高低，为区别、记载每只羊的外貌特征，就要识别羊的外貌部位名称

（图 3－21 和图 3－22）。

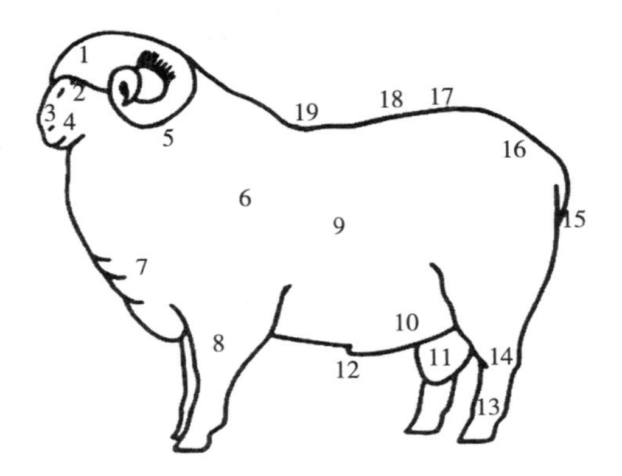

图 3－21　肉用绵羊外貌各部位名称

1. 头　2. 眼　3. 鼻　4. 嘴　5. 颈　6. 肩　7. 胸　8. 前肢　9. 体侧　10. 腹部　11. 阴囊　12. 阴筒　13. 后股　14. 飞节　15. 尾　16. 臀　17. 腰　18. 背　19. 鬐甲

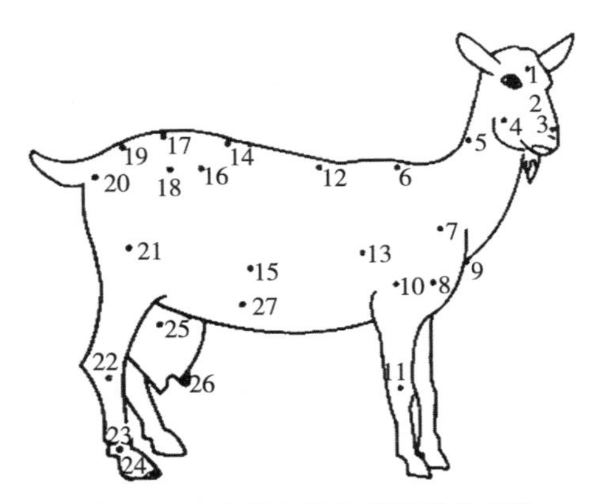

图 3－22　肉用山羊外貌各部位名称

1. 头　2. 鼻　3. 鼻镜　4. 颊　5. 颈　6. 鬐甲　7. 肩　8. 尖端　9. 前胸　10. 肘　11. 前膝　12. 背　13. 胸　14. 腰　15. 腹　16. 肷　17. “十”字部　18. 腰角　19. 尻　20. 坐骨端　21. 大腿　22. 飞节　23. 系　24. 蹄　25. 乳房　26. 乳头　27. 乳静脉

二、称重和测量及体型外貌鉴定

（一）称重和测量

1. 称量 体重应在早晨空腹时进行。称重的具体项目包括羔羊的初生重、断奶重、育成山羊配种前体重，以及成年山羊的1岁重、1岁半重、2岁重、产羔前重、产羔后重、3岁重、4岁重等。山羊称重一般多采用地磅，没有地磅的可采用移动磅秤。

2. 测量 给山羊称重时要进行体尺测量，如测仗、卷尺、圆形测量器等。测量时，助手将被测山羊牵引到一个平地并稳定被测山羊，使之成自然站立状态，它的项目测定有以下几方面（图3－23）：

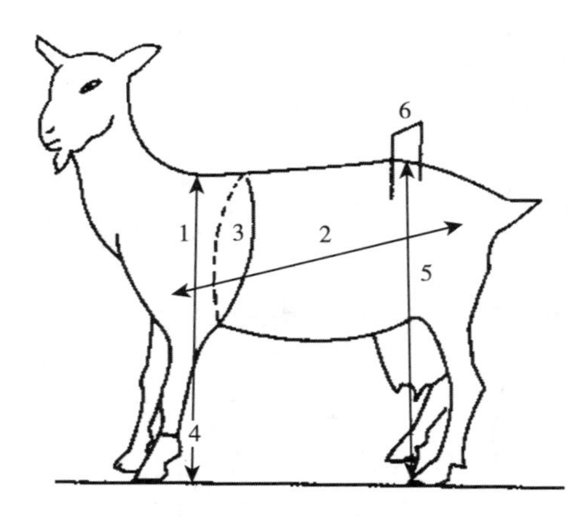

图3－23 羊体尺测量示意图

1. 体高 2. 体长 3. 胸围 4. 管围 5. “十”字部高 6. 腰角宽

（1）体高 从前甲最高点到地面的垂直距离。

（2）体长 由肩端至坐骨结节后端的直线距离。

（3）胸围 由肩胛后端绕胸1周的长度。

（4）管围 左前肢管骨最细处的水平周径。

（5）“十”字部高 由“十”字部至地面的垂直距离。

（6）腰角宽　两侧腰角外缘间的距离。

（二）体型外貌评定

体型外貌鉴定的目的是确定肉羊的品种特征、种用价值和生产力水平，往往要通过体尺测定，测量部位有：

1. 体高　指肩部最高点到地面的距离。

2. 体长　指取两耳连线的中点到尾根的水平距离。

3. 胸围　指肩胛骨后缘经胸1周的长度。

4. 管围　指取管部最细处的周经，在管部的上1/3处。

5. 腿臀围　由左侧后膝前缘突起，绕经两股后面，至右侧后膝前缘突起的水平半周。为了衡量肉羊的体态结构、比较各部位的相对发育程度和评价产肉性能，一般要计算体尺指数，包括以下指数：

（1）体长指数　指体长与体高的比值。

（2）体躯指数　指胸围与体长的比值。

（3）胸围指数　指胸围与体高的比值。

（4）骨指数　指管围与体高的比值。

（5）产肉指数　指腿臀围与体高的比值。

（6）肥度指数　指体重与体高的比值。

肉羊的外貌评定通过对各部位打分，最后求出总评分。将肉羊外貌分成四大部分，公羊分为整体结构、育肥状态、体躯和四肢，各部位的给分标准分别为25分、25分、30分和20分；母羊分为整体结构、体躯、母性特征和四肢，各部位的给分标准分别为25分、25分、30分和20分，合计100分。

三、理想肉羊个体选择与鉴定

理想肉羊个体的选择应该考虑以下几点：一是高产肉性能，屠宰率在50%以上，生长速度快，育肥日增重达到250克，饲料转化率高，肉质好，可生产高档羊肉。二是高繁殖力，理想的肉羊品种应常年发情，繁殖性能好，主要体现为发情早、多胎性、成活率高，一般 8～10 月龄可配种，产羔率在 200%以上，成活率在 90%以上。三是高抗性，耐粗饲，适应性强。具体表现为易舍饲、食量大、不挑食、饲料转化率高、抗病性强、耐粗饲、性情温顺，对圈舍条件的要求不高。

选择公羊要尽量做到三看，即看其本身优劣、看其父母是否优良、看其后代是否优秀。这就是常说的根据本身成绩、系谱及后裔选择公羊。

要求种公羊具有明显的品种特征，应为特级羊或一级羊，体型外貌好，结构匀称，头宽而较短，眼大而有神，颈部粗、短，前胸发育良好，胸宽而深，后躯较丰满，腰部强有力，四肢端正而粗壮，睾丸大小适中而匀称。其本身可度量的体尺、体重、毛色、羊毛及羊绒品质和产量等项主要指标，应符合该品种理想型的要求。

对成年公羊要严格选择，除观察其体型外貌是否符合要求外，还应了解其配种能力的强弱和性欲是否旺盛或有无缺陷，如是否有隐睾、单睾、精液品质不良或有顶人恶习等。

第四章
肉羊繁殖新技术与育种新技术

第一节　肉羊繁殖新技术应用的理论基础

一、肉羊的生殖器官

（一）母羊的生殖器官

母羊的生殖器官主要由卵巢、输卵管、子宫、阴道及外生殖器等部分组成。

1. 卵巢　卵巢是母羊生殖器官中最重要的生殖腺体，位于腹腔肾脏的下后方，由卵巢系膜悬在腹腔靠近体壁处，左右各1个，呈卵圆形，长0.5～4厘米、宽0.3～0.5厘米，其功能是产生卵子和分泌雌激素。

2. 输卵管　输卵管位于卵巢和子宫之间，为一弯曲的小管，管壁较薄。输卵管的前口呈漏斗状，开口于腹腔，接纳由卵巢排出的卵子。输卵管是精子和卵子受精结合及受精卵开始卵裂的地方，并将受精卵输送到子宫。

3. 子宫　羊的子宫属于双角子宫。一个中隔将两个像羊角状的子宫角分开。子宫位于骨盆腔前部，直肠下方，膀胱上方。子宫由2个子宫角、1个子宫体和1个子宫颈构成。不发情和妊娠时，子宫颈收缩得很紧，发情时稍微张开，便于精子进入。子宫的生理功能：一是发情时，子宫借助肌纤维有节律的、强而有力的收缩作用运送精液，分娩时以其强有力的阵缩而排出胎儿。二是胎儿发育生长的地方。三是在发情期前，内膜分泌物的前列腺素对卵巢黄体有溶解作用，以致黄体机能减退，在促卵泡激素的作用下引起母羊发情。

4. 阴道 阴道是羊的交配器官和产道，是排尿、发情时接受交配、分娩时胎儿产出的通道。母羊发情时，阴道上皮细胞角化状况变化显著，依此可对母羊的发情排卵及配种时机作出较准确的判断。

5. 外生殖器 包括前庭、大阴唇、小阴唇、阴蒂和前庭腺。

（二）公羊的生殖器官

公羊的生殖器官包括睾丸、附睾、阴囊、输精管、副性腺和尿生殖道和阴茎等。

1. 睾丸 睾丸具有产生精子及合成和分泌雄性激素的功能。触摸时睾丸坚实，有弹性，阴囊和睾丸实质光滑而柔软。睾丸间质细胞分泌的雄激素能使公羊产生性欲和性行为，刺激第二性征，促进阴茎和副性腺发育。

2. 附睾 附睾贴附于睾丸的背后缘，由头、体、尾三部分组成，是精子成熟和贮存的场所，并为精子提供营养。

3. 阴囊 阴囊是由腹壁形成的囊袋，有2个腔，2个睾丸分别位于其中。阴囊具有温度调节作用，以保证精子正常生成，阴囊腔温度通常为34～36℃。

4. 输精管 输精管是由附睾管延续而来，具有发达的平滑肌纤维。输精管平滑肌强力的收缩作用产生蠕动，将精子从附睾尾输送到壶腹，同时与副性腺分泌物混合，然后经阴茎射出。

5. 副性腺 副性腺有精囊腺、前列腺和尿道球腺3种。射精时和输精管壶腹的分泌物一起混合形成精清，精清与精子共同形成精液。

6. 尿生殖道 尿生殖道可分为骨盆部和阴茎部，为尿液和精液的共同通道。

7. 阴茎 阴茎是公羊的交配器官，功能是排尿和输送精液到母羊生殖道。

二、肉羊的繁殖规律

（一）性成熟和初配年龄

1. 公羊　公羊的初情期是指公羊初次出现性行为和能够射出精子的时期，是性成熟过程的初始阶段。公羊到达性成熟的月龄与其体重增加的速度一致，增重快的个体到达性成熟的月龄比增重慢的个体要早。混群饲养的羊群，因有母羊存在，所以可促进公羊性成熟。此外，品种、遗传、营养情况、气候条件及个体差异等因素均可以影响公羊达性成熟的时间。

公羊达到性成熟后并不适合立即作为种羊进行配种，一般体重达到其成年体重的70％时才开始配种。绵羊和山羊一般在6～10月龄性成熟，以12～18月龄开始配种为宜，此期即为公羊的初配年龄。

2. 母羊

（1）初情期　母羊生长发育到一定的年龄时出现发情和排卵，此为母羊的初情期，是性成熟的初级阶段。初情期以前，母羊的生殖道和卵巢增长较慢，不表现性活动。初情期以后，随着第一次发情和排卵，生殖器官的大小和重量迅速增长，性机能也随之发育。绵羊和山羊的初情期一般为4～8月龄，其表现早迟的原因是由不同品种、气候、营养因素引起的。

①品种　一般表现为个体小的品种初情期早于个体大的品种，山羊早于绵羊。

②气候　一般南方地区母羊的初情期较北方的早，热带地区的羊较寒带或温带的早。早春季产的母羔即可在当年秋季发情，而夏、秋季产的母羔一般需到第二年秋季才发情。

③营养　营养良好的母羊其初情期表现较早，营养不足则初情期延迟。

（2）性成熟　经过初情期的母羊，生殖系统迅速生长发育，并开始具备繁殖能力，不仅即进入性成熟期。虽然性成熟时期羊的生殖器官已发育完全，具备了正常的繁殖能力，但身体其他系统的生长发育还未完成，故性成熟初期的母羊一般不宜配种。羊的性成熟期一般为5～10月龄，同时和体重有关，一般性成熟羊的体重为成年羊体重的40%～60%。此外，性成熟时间还因受品种、气候、营养因素的影响。通常山羊的性成熟比绵羊的略早。

（3）初配年龄　南方地区有些山羊品种5月龄即可进行第一次配种，而北方的有些山羊品种初配年龄需到1.5岁。山羊的初配年龄多为10～12月龄，绵羊的初配年龄多为12～18月龄。我国广大牧区饲养的绵羊多在1.5岁时开始初次配种。根据经验，以羊的体重达到成年体重的70%时进行第一次配种较为适宜。

（4）体成熟　雌性山羊达到性成熟时，生殖器官虽然发育完全，具备了繁殖后代的能力，但此时的身体发育尚未完全，若过早配种繁殖，不仅严重阻碍其自身的生长发育，而且所生羔羊体质和生产能力均不太理想。其最适配种繁殖年龄是体成熟期，判断的常用标准是体重达到成年体重的70%左右。早熟品种可在10～12月龄时初配，晚熟品种可在12～18月龄配种。

（5）繁殖年限　多为6～8年，山羊母羊最适繁殖年龄是2.5～5岁，6岁以后繁殖能力逐步下降，个别优良品种利用年限可达10年。

（二）发情和发情周期

1. 发情　发情即母羊在性成熟后所表现的一种周期性变化的生理现象，一般会表现以下特征：

（1）性欲　性欲是母羊愿意接受公羊交配的行为。母羊发情时，一般表现为兴奋不安、反应敏感、母羊之间相互爬跨、咩叫、摇尾等。同时，不抗拒公羊的接近和爬跨，或者主动接近公羊并接受其爬跨。发情初期，母羊性欲表现不明显，以后逐渐显著，排卵后性欲逐渐减弱。

（2）生殖道变化　母羊发情时生殖道会发生一系列变化，如外阴部充血、肿大，变得柔软而松弛，阴道黏膜充血、潮红，上皮细胞增生，前庭腺分泌增多，子宫颈开放，子宫蠕动次数增多。输卵管的蠕动、分泌及上皮细胞的波动均增强。

（3）卵泡发育与排卵　母羊卵巢上有卵泡发育，且发育成熟后破裂，排出卵子。

2. 发情周期　母羊从上次发情开始到下次发情的间隔时间称为发情周期，受品种、个体和饲养管理条件等的影响，一般分为发情前期、发情期、发情后期、间情期四个时期。母羊发情持续时间绵羊为30～40小时，山羊为24～28小时。母羊发情周期为15～21天，绵羊的发情周期平均17天，山羊平均21天。

（三）繁殖季节

1. 肉用绵羊　绵羊属于季节性繁殖配种的家畜，发情始于秋分，结束于春分。其繁殖时间一般是7月至翌年1月，而发情一般集中在8—10月。另外，繁殖季节还因是否有利于配种受胎及产羔季节是否有利于羔羊生长发育等自然选择演化而不同。同时，地区、品种不同，绵羊的繁殖季节也不同，如我国的湖羊和小尾寒羊可以常年发情配种。

2. 肉用山羊　肉用山羊的发情表现对光照的影响反应没有绵羊明显，因此繁殖季节多为常年性的，一般没有限定的发情配种季节。但生长在热带、亚热带地区的山羊，表现发情的较少。生活在高寒山区，未经人工选育的原始品种，如藏山羊肉羊的发情配种也多集中在秋季，呈明显的季节性。

（四）配种

1. 配种时期　母羊发情持续时间绵羊为24～36小时、山羊为24～48小时，因此绵羊应在发情后30小时左右、山羊应在发情后12～24小时配种。母羊发情周期为15～21天，妊娠期为144～155天，平均150天。

2. 配种适龄　初配母羊一般在12～18个月，山羊较绵羊的略早，一般初配母羊以体重达到成年的70%为好。3～5岁时羊的繁殖力最强，一般60月龄后就应淘汰。最佳利用期绵羊为6年，山羊为8年。

3. 配种季节　公羊以秋配能力最强，夏季最差；母羊秋季发情明显而频繁，冬季发情比较集中。北方地区羊的繁殖季节一般在7月至翌年1月，而以8—10月为发情旺季。绵羊冬羔以8—9月配种、春羔以11—12月配种为宜。一般条件好的地方提倡生产冬羔，就是在8—9月给羊配种，此时母羊膘情好，发情明显，排卵较多，易受胎，胎儿发育好，初生羔体重大，母羊奶汁多，所生羔羊易成活，到春乏期羔羊已能充分采食，可以当年出栏。条件差的地方，则以生产春羔（10月以后给母羊配种）为宜。

（五）妊娠与分娩

1. 妊娠

（1）妊娠期　母羊配种后如果经过1～2个情期仍没有发情即可判定为妊娠。绵羊的妊娠期为146～157天，平均150天；山羊的妊娠期为146～161天，平均152天。羊的妊娠期因其品种、年龄、胎次和单双羔等因素有所不同，如小尾寒羊妊娠期146～151天，湖羊则为146～161天。另外，本地羊的妊娠期比杂种羊的短，青壮年的比老龄羊、幼龄羊的短，多羔羊的妊娠期比单羔羊的短。

（2）妊娠母羊形态和生殖器官的变化　妊娠母羊新陈代谢旺盛，食欲增强，消化能力提高。因胎儿的生长和母体自身体重的增加，所以妊娠母羊的体重明显上升；而在妊娠后期因胎儿剧烈生长使得消耗量增加，所以母羊表现瘦弱。母羊妊娠后，妊娠黄体在卵巢中持续存在，发情周期中断。

妊娠母羊子宫增生，继而生长和扩展，以适应胎儿生长发育的需要。妊娠初期，阴门紧闭，阴唇收缩，阴道黏膜颜色苍白；随着妊娠时间的进展，阴唇表现水肿，其水肿程度逐渐增加。

（3）早期妊娠诊断

①观察表现症状　母羊妊娠后发情周期停止，不再表现出发情征兆；同时，变得温顺，采食量增加，毛色光亮、润泽。

②触诊　待母羊自然站立，用两只手以胎抱的方式在母羊腹壁前后滑动，用手触摸是否有胚胎胞块的存在。

③阴道检查法　妊娠母羊的阴道色泽、黏液性状及子宫颈口

均与空怀母羊有所不同，因此可以通过阴道检查法进行妊娠诊断。

此外，比较准确的两种方法是通过免疫学方法检测妊娠母羊血液和组织中的特异性抗原，以及通过用超声波诊断仪进行检测。

2. 分娩　母羊将发育成熟的胎儿和胎盘从子宫排出体外的生理过程称为分娩。

（1）分娩前表现　母羊分娩前，乳房明显膨大，乳头直立；乳房静脉血管怒张，手摸有硬肿之感，用手挤时有少量黄色初乳，但个别母羊在分娩之后才能挤下初乳；阴唇逐渐松软、肿胀，体积增大，充血、稍变红，阴门容易开张，从阴道流出的黏液由稠变稀。骨盆韧带开始松弛，肷窝凹陷，以临产前 2～3 小时最为明显。行为上，放牧时掉队或离队，食欲减退，甚至反刍停止；排尿次数增多，不时努责和咩叫，用四肢刨地，回顾腹部，喜单独呆立墙角或趴卧，起卧不安等。

（2）接羔前的准备　接羔用的羊舍要彻底消毒，保持地面干燥、无贼风、保持卫生，同时温度要适宜等；要准备充足的优质干草、多汁饲料和精饲料供母羊补饲；此外，还要准备好接产用具和药品，如水桶、脸盆、毛巾、剪刀、高锰酸钾、碘酒等。

（3）接羔　母羊分娩以顺产的为多，分娩时间一般为 30～50 分钟，分娩的过程分为 3 个阶段，即子宫开口期、胎儿产出期和胎盘排出期。正常情况下，经产母羊产羔速度快，从努责到完全分娩出胎儿需 30～40 分钟而初产母羊则需要 50 分钟，胎儿实际娩出的时间仅为 4～8 分钟。如果超时，有可能是非正产。

正常分娩时一般先看到两前蹄，接着是嘴和鼻，到头露出后即可顺利产出。产双羔时先后间隔 5～30 分钟，但也偶有长达 10 小时以上的。双胎母羊分娩时应助产。胎儿产出后到胎盘完全排出的时间为 1.5～2 小时，胎盘不下时间超过5～6小时的则需要处理。

第二节　肉羊繁殖育种新技术

一、发情控制技术

（一）同期发情技术

同期发情技术是用激素或其他类药物对母羊进行处理，暂时改变其发情周期的自然规律，人为地控制发情周期的进程并调整到相同阶段，以合理组织配种，使产羔、育肥等过程一致，以加快肉羊生产，提高繁殖力。

方法一：将浸有孕激素的海绵置于子宫颈外口处 14 天后取出，当天肌内注射孕马血清促性腺激素 400～500 国际单位，一般 30 小时左右母羊即有发情表现，发情当天和次日可各输精一次或与公羊自然交配。常用孕激素的种类和剂量为：孕酮 150～300 毫克，甲地孕酮 80～150 毫克等。

方法二：每日将一定数量的药物均匀拌入饲料，连喂 12～14 天。药物用量为阴道海绵法的 1/10～1/5，最后一次在口服药的当天肌内注射孕马血清促性腺激素 400～750 国际单位。

方法三：在发情结束数日后向子宫内灌注或肌内注射一定量的前列腺素或其类似物，2～3 天内母羊即可发情。

以上处理适合大群饲养。

（二）诱导发情技术

诱导发情技术是在母羊乏情期，借用激素引起正常发情并进行配种，缩短母羊的繁殖周期，提高其繁殖力。其方法有羔羊早期断奶法、激素处理法、补饲催情法、公羊效应法等。

1. 羔羊早期断奶法　由于哺乳期间促乳素会对促性腺激素的分泌产生抑制作用，因此易导致母羊出现泌乳性乏情。雌性绵羊泌乳期乏情会持续 5～7 周，多数会在断奶后 2 周才会发情。因此，早期断奶有利于母羊提早发情，尤其是对体况较差的母羊更明显，

但要考虑到羔羊的成活率。

2. 激素处理法　对初情期的羊及非繁殖季节乏情的母羊，采取激素处理可以促进其发情。激素处理可以单独使用 eCG 或与孕激素联合使用。单独使用 eCG 时，每只羊肌内注射一次，剂量为 500～1 000 单位；联合使用时，先用孕激素肌内注射或阴道栓处理 12～14 天，然后在处理的最后 2 天注射 500～1 000 单位的 eCG。

3. 补饲催情法　在发情配种季节来临前，加强母羊的饲养管理，补充精饲料，提高其营养水平也可促进其发情。

4. 公羊效应法　在配种季节来临前数周，在母羊群中放入一定数量的公羊，可以刺激乏情母羊的卵巢活动，起到促进发情的作用，此称为“公羊效应”，公羊效应对泌乳乏情的母羊也有效果。

二、配种技术

（一）自然交配

也叫本交，可以分为自由交配和人工辅助交配。

1. 自由交配　自由交配是在配种期将公、母羊混群饲养，任其自然交配。这种方法虽然简便、易行，节省劳力。但公羊多次配种后浪费精力，影响体质和受胎率。另外，该配种方法也无法了解配种日期和后代的血统关系。

2. 人工辅助交配　是将公、母羊分群饲养，在配种时将结扎输精管的公羊放入母羊群中试情，发现发情的母羊后用指定公羊按计划配种，并详细填写羊配种繁殖登记表。用这种方法配种，1 只公羊在 1 个配种期内（40～50 天）可配母羊 80～100 只。

图 4－1　人工授精

（二）人工授精

人工授精是用人工的方法将公羊

的精液采出，加以处理，然后给发情的母羊输精，使其受胎（图4－1）。公羊每次射精量为0.5～2.0毫升，可稀释2～3倍。每只母羊输精0.2毫升，1次即可配母羊10～30只，同1只公羊在1个配种期内比本交能多配10倍以上数量的母羊，可大大节省多养公羊所需的饲料和人工成本等。

三、超数排卵技术和胚胎移植技术

（一）超数排卵技术

在母羊发情周期的适当时间，注射促性腺激素，使卵巢比正常情况下有更多卵泡发育成熟并排卵，经过处理的母羊可一次排卵几个甚至十几个。

（二）胚胎移植技术

胚胎移植是从超数排卵处理的母羊（供体）输卵管或子宫内取出许多胚胎，然后将这些胚胎移植到另一群母羊（受体）的输卵管或子宫内，以达到产生供体后代的目的（图4－2）。这是一种使少数优秀供体母羊产生较多的具有优良遗传性状的胚胎，使多数受体羊妊娠、分娩而达到加快优秀供体母羊繁殖速度的一种先进技术。如果说，人工授精技术是提高良种公羊繁殖性能的有效方法，那么胚胎移植是提高良种母羊繁殖力的新途径。

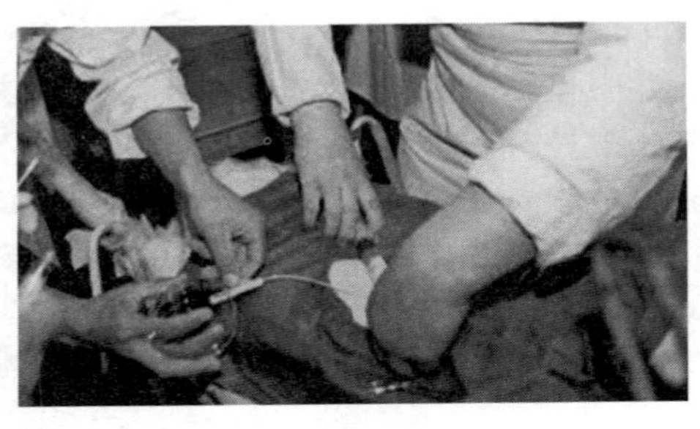

图4－2　胚胎移植

第五章
秸秆调制技术与牧草调制技术

第一节　秸秆调制技术

一、调制技术

由于肉羊品种、年龄、生长发育阶段等不同，因此其所需营养也不同。羊采食饲料后，其消化、吸收的营养成分主要用于维持和生产两大部分。肉羊饲料中常用的是能量饲料和粗饲料。虽然能量饲料是肉羊短期育肥必不可少的，但一定量的粗饲料会增强肉羊的反刍功能，提高饲料的利用率，降低饲养成本。

在广大农区，秸秆饲料是肉羊的主要粗饲料来源，主要包括玉米秸、稻草、谷草、豆秸、花生秧、甘薯秧等。但这些农副产品如果直接用来饲喂肉羊，其适口性极差，利用率很低。为了改善其适口性，增加其饲用价值和降低生产成本，一般对其进行加工与调制。

（一）物理调制法

物理调制法是将干牧草、玉米秸秆等进行切碎、热喷处理。

1. 切碎处理　为了便于肉羊咀嚼，减少饲料在采食过程中的浪费及便于与其他饲料进行合理搭配，增加采食量和利用率，粗饲料一般被切为 0.8～1.2 厘米的大小。添加到精饲料中的粗饲料宜短不宜长，以免羊只吃精饲料而剩下粗饲料，降低粗饲料的利用率。

2. 热喷处理 热喷处理就是将秸秆、秕谷等粗饲料装入热喷机中，通入热饱和蒸汽，经过一定时间的高温高压处理后，再突然降低气压，使经过处理的粗饲料膨胀，形成爆米花状，同时使其色香味发生变化。粗饲料经热喷处理后利用率可提高2～3倍，同时也便于贮存与运输。

（二）化学调制法

化学调制法包括碱化处理中的苛性钠处理法、氨处理法，酸处理中的乙酸和甲醛处理法，以及酸碱混合处理法等。在此主要介绍氨化处理法。

1. 氨化原理 通过人工的方法将氨或氨化合物加入粗饲料中，可以增加饲料的含氮量。经过氨处理的秸秆等粗饲料，增加了非蛋白氮源，羊等反刍动物瘤胃中的微生物可利用非蛋白氮作为合成细菌菌体蛋白的氮源，合成大量细菌蛋白，这样就可大大地提高羊对秸秆等粗饲料的利用率。另外，氨还可以软化秸秆，提高肉羊对其蛋白质和粗纤维等有机物的消化率及能量利用率。

2. 制作方法

（1）液氨处理法

①捆草垛法 将要处理的粗饲料捆成长4.6米、宽4.6米、高2.1米的草垛，将含水量调整为20%，水要均匀地洒在每个草捆上。垛顶盖上塑料膜，并用绳把垛四周的塑料膜纵横捆住、覆土盖紧，以防风刮及漏气。为便于插入注氨钢管，可提前在垛中留一空隙，如可放一根木杠等，待通氨气时取出木杠，插入钢管，通氨量以氨化饲料重量的3%为宜。

②土窖或水泥窖（池）法 具体方法是在土窖底部与四周铺好塑料膜，将秸秆等一层一层放入，边放边洒水搅拌边踩实，一直到窖顶。窖顶覆盖塑料膜与窖边塑料膜对折，用土压实，通氨。通氨完毕取出氨管，封口，最后用土盖在窖顶上。通氨量和用水量同“捆草垛法”。水泥窖（池）也是如此。

（2）尿素或碳酸氢铵处理法　尿素或碳酸氢铵也可用来氨化秸秆等粗饲料，其方法是将尿素或碳酸氢铵溶于水中，拌匀，喷洒于切短的秸秆上，搅拌，一层一层压实，直到窖顶，把塑料薄膜密封。一般尿素用量每千克秸秆（干物质）为3～5.5千克，碳酸氢铵为6～12千克，用水量为60千克。因尿素或碳酸氢铵来源广泛，利用方便，操作方便，因此此法更适合在农村普及。

氨化好的秸秆为黄褐色，有刺鼻气味，不发霉、变质，但饲喂前应晾晒，放味，以利肉羊采食。

（三）微生物调制法

微生物调制法是利用细菌、真菌的某些特性，在一定温度、湿度、酸碱度、营养物质条件下，通过分解粗饲料中的纤维素、木质素等成分来合成菌体蛋白、维生素和多种转化酶等，将饲料中难以被消化、吸收的物质转化为易被消化、吸收的营养物质的过程。生产中常用的有青贮法和微贮法。

1. 青贮法　青贮饲料是指将青玉米秆、牧草等青绿饲料经切碎、填入、压实在青贮塔或窖中，在密封条件下，经过微生物发酵作用而调制成的一种多汁、耐贮存、质量基本不变的饲料，这种调制饲料的方法称青贮。在青贮作物生长适宜时期适时收割青贮，使青绿饲料的营养特性得以保存，可以作为肉羊的优质饲料来源。调制青贮饲料不需要昂贵设备和高超技术，只要掌握操作要领即可。

（1）适时收割　需要青贮的饲料要适时收割，如玉米全株青贮在蜡熟期至黄熟期收割；玉米秸秆青贮在籽粒成熟末期收割；高粱在穗完全成熟后收割；稻草在脱粒后收割；甘薯在早霜前叶未黄时收割。

（2）合理制作　第一，将青贮原料切短至1～2厘米，以便于青贮时能够被压实。第二，原料水分要适宜，青贮饲料的含水量以70%为宜。第三，切碎青贮料装入青贮设备中（青贮塔、窖、塑料袋等），逐层压实或踩实装满。第四，要密封良好，密封是青贮饲料成功与否关键因素之一，目的是为使具有厌氧要求的乳酸菌快速繁殖，从而抑制腐败细菌的生长，延长保存时间。

（3）注意事项　用青贮窖等青贮时56天左右进入乳酸发酵期，青贮料体积减小，密封层下降，此时应立即再培土密封，以防漏气使青贮料腐败变质。无论用青贮窖还是用青贮袋，都应防止因踩压青贮料而出现漏洞、透气。青贮饲料进水后会腐烂变质，因此青贮塔应不漏雨、不漏水，青贮窖要有排水沟，青贮袋应不漏气。

2. 微贮法　微贮是在秸秆等粗饲料中按比例添加一种或多种有益微生物菌剂，在密闭和适宜的条件下，通过有益微生物的繁殖与发酵作用，使质地粗硬或干黄秸秆和牧草变成柔软多汁、气味酸香、适口性好、利用率高的粗饲料。在同等饲养条件下，秸秆微贮优于或相当于秸秆的其他处理方法。秸秆微贮后粗纤维的消化率可提高20%～40%，肉羊对其采食量显著提高，日采食量中添加40%时日增重可达250克左右的水平。

（1）菌液配制　按表5-1的比例，将活干菌溶入相应的自来水中，在常温下静置12小时后将菌液倒入充分溶解的1%食盐溶液中拌匀。

表5-1　活干菌液配方

种类	重量（千克）	活干菌用量（克）	食盐用量（千克）	水的用量（升）	微贮料中的含水量（%）
稻、麦秸秆	1 000	3.0	12	1 200	60～65
黄玉米秸秆	1 000	3.0	8	800	60～65
青玉米秸秆	1 000	1.5	—	适量	60～65

（2）微贮饲料调制　将秸秆等粗饲料粉碎至0.8～1.5厘米的长度，与配制好的菌液充分搅拌混匀，控制其含水量在60%～65%，然后逐层装入微贮窖或塑料袋中压实，经30天左右的发酵就可饲喂肉羊。微贮发酵时间冬季稍长，夏季10天左右即可饲喂。

（3）注意事项　用窖微贮时，微贮饲料应高于窖口40厘米，盖上塑料薄膜，上盖约40厘米稻、麦秸秆后覆土15～20厘米，封

闭。用塑料袋微贮时，塑料袋厚度须达到 0.6～0.8 毫米，要求无破损、厚薄均匀（严禁使用装过毒物品的塑料袋及聚氯乙烯塑料袋），每袋以装 20～40 千克微贮料为宜。开袋取料后须立即扎紧袋口，以防变质。用微贮饲料饲喂肉羊时须有一个渐进过程，喂量要由少至多，最后达日采食量 40%的水平。

二、饲喂注意事项

饲喂时注意：①取用青贮饲料时，取料面要平滑，尽量缩小取料范围，取料时从上向下取料，切忌掏心打洞。长方形青贮窖或青贮池取料要从预留的取料口一端取料，取料后要立即盖好。②取料量一次不必太多，够当日饲喂即可。家畜采食后剩余的饲料要从料槽清理干净，不喂过夜的青贮饲料，妊娠后期的羊最好不喂青贮饲料。冰冻的青贮饲料要解冻后进行饲喂。③青贮饲料的添加要由少到多，待羊适应后再定量添加。④质量检查不合格的青贮饲料不能喂羊。⑤如更换其他饲料则青贮饲料的量也要逐渐减少，以免对羊的生长发育产生不利影响。

第二节　牧草调制技术

一、牧草种类及其特性

（一）豆科牧草

1. 紫花苜蓿　紫花苜蓿（图 5－1）以其优良的草质、丰富的营养及良好的适应性被称为“牧草之王”。紫花苜蓿初花期含有粗蛋白质 21%，青饲、放牧或调制成干草、青贮、加工成草粉时适口性都良好，易于消化，消化率可达 70%～80%。

2. 沙打旺　又称直立黄芪（图 5－2），适合调制成干草，一般在初花期收割。其干草中的蛋白质含量为 12%～17%，粗脂肪含量为 2%～3%。沙打旺干草茎秆比较粗硬，需粉碎后与其他饲料搭配使用，以提高其利用率，并使营养均衡。

图 5-1　紫花苜蓿

图 5-2　沙打旺

3. 红豆草　又名驴喜豆（图 5-3），其利用价值接近苜蓿，有“牧草皇后”的美称。开花期收割的红豆草适合调制成干草，因此时茎叶中的水分含量较低，容易晾晒，但要注意防止叶片脱落。开花期的红三叶制成的干草，其粗蛋白质含量为 14%～16%，粗脂肪含量为 2%～5%。干草的消化率也很高，可达 70%。

4. 小冠花　现蕾至始花期收割的小冠花（图 5-4）适合调制成干草。其营养物质丰富，盛花期的小冠花其粗蛋白质含量为 19%～22%，粗脂肪含量为 1.8%～3%，粗纤维含量相对较低，为 21%～32%。

图 5-3　红豆草

图 5-4　小冠花

5. 红三叶　用红三叶（图 5-5）调制干草时一般在现蕾期至初花期收割。现蕾期收割的红三叶制成的干草其营养物质含量丰富，含粗蛋白质 20.4%～26.9%，盛花期时粗蛋白质含量仅为 16%～19%，粗脂肪含量为 4%～5%。红三叶叶子多，茎秆少且中间是空的，适合调制成干草。

6. 草木樨　草木樨（图 5-6）在世界各地均有分布，是一种

优良的饲草，饲用时可制成干草粉或青贮、打浆。但肉羊开始时不喜进食，需逐渐适应。贮存或调制时如有霉烂，则羊食后会中毒。直接在草木樨地放牧，羊摄食过多则易发生臌胀病。用生长第1年的草木樨制成的干草，含水量为7.37%，粗蛋白质含量为17.51%，粗脂肪含量为3.17%，粗纤维含量为30.35%。

图5-5　红三叶

图5-6　草木樨

7. 格拉姆柱花草　是一种优质的豆科柱花草新品系（图5-7）。调制干草的干燥率为23%～25%，粗蛋白质含量为15%～17%，粗纤维含量为33%～40%；干物质消化率为48.4%，蛋白质消化率为52.6%。

图5-7　格拉姆柱花草

（二）禾本科牧草

1. 羊草　羊草（图5-8）叶量多，营养丰富，适口性好，羊一年四季均喜食，有“牲口的细粮”之美称。花期前粗蛋白质含量一般占干物质的11%以上，分蘖期高达18.53%，且矿物质、胡萝卜素含量丰富，每千克干物质中含胡萝卜素49.5～85.87毫克。羊草调制成干草后，粗蛋白质含量仍能保持在10%左右，且气味芳香、适口性好、耐贮存。

2. 黑麦草　多年生黑麦草和多花黑麦草都是具有经济价值的栽培牧草（图5-9），可青饲、青贮或调制干草，也适于放牧利用。营养价值高，开花前刈制，每100千克干草中含可消化蛋白质

4.9千克。黑麦草属于细茎草类，干燥时失水速度快，可调制成优良的绿色干草和干草粉。一般可在开花期选择连续3天以上的晴天刈割，割下就地摊成薄层晾晒，晒至含水量在14%以下时堆成垛。也可制成草粉、草块、草饼等，供羊在冬、春季饲喂，或与精饲料混配利用。

图5-8 羊草

图5-9 黑麦草

3. 无芒雀麦 无芒雀麦（图5-10）营养价值高，适口性好，可用来青饲、调制干草和放牧，被誉为“禾草饲料之王”。无芒雀麦干草粗蛋白质含量达18.35%～19.44%，干草率为27.69%，干叶率为59.22%。一般情况下常在抽穗期刈割。第一茬调制干草，此时叶丛多，产量高，养分积累也最多，再生草可放牧或青刈，也可以进行适度的放牧利用。

4. 芒麦 芒麦（图5-11）在抽穗期到开花期收割调制成干草后，其营养价值较高，品质好，粗蛋白质含量为11%～13%，粗脂肪含量为2%～4%。

图5-10 无芒雀麦

图5-11 芒麦

5. 垂穗披碱草　垂穗披碱草（图 5 - 12）主要作刈割调制干草之用，以营养价值最高的抽穗期刈割为宜。此期收割调制的干草其粗蛋白质含量为 7%～12%，粗脂肪含量为 2%～3%。

6. 苇状羊茅　苇状羊茅（图 5 - 13）适宜收割青饲或晒制干草。为了确保其适口性和营养价值，收割应在抽穗期进行。苇状羊茅饲草较粗糙，品质中等，在抽穗期含粗蛋白质 15.1%、含粗脂肪 1.8%、含粗纤维 27.1%。苇状羊茅在抽穗期收割制成干草后，其粗蛋白质含量为 3%～15%，粗脂肪含量为 3%～4%。如收割晚，则干草质地粗糙，适口性变差。

图 5 - 12　垂穗披碱草

图 5 - 13　苇状羊茅

（三）谷类干草

指栽培的饲用谷物，如玉米、大麦、燕麦等。

（四）混合干草

指以天然割草场及混播牧草草地刈割的青草调制的干草。

（五）其他干草

指以茎叶、蔬菜野草、野菜等调制成的干草。

二、优质青干草的调制技术

（一）收割

1. 收割时期

（1）豆科牧草　开花期至盛花期的豆科牧草养分最丰富，其刈割时期以现蕾期到10%开花时最佳。如苜蓿为多年生植物，再生性强，当年种植的苜蓿在霜冻前刈割1次；种植2年以上的苜蓿1年内可刈割2～3次，末次刈割应在霜冻的前一个月进行。刈割过早产量低，过晚质量低。第一、二次刈割后留茬4～5厘米，越冬前最后一次刈割留茬7～8厘米。

（2）禾本科牧草　禾本科牧草茎叶上部柔软，基部粗硬，大多数茎秆呈空心，整株均可饲用。在抽穗初期收割时其养分含量丰富且质地柔软，非常适合调制成干草。因此，大多数禾本科牧草一般在抽穗期至开花初期收割。例如，羊草在开花期、老芒麦在抽穗期、无芒雀麦在孕穗到抽穗期、黑麦草在抽穗到初花期进行刈割。禾本科一年生饲料作物多为一次性收割，如果分期收割则根据草层的高度来确定，当草层高度达到50厘米左右时可以收割。青贮玉米最适宜在乳熟末期到蜡熟中期进行收割。

2. 收割方法

（1）人工收割　即用大钐刀收割牧草，适合用于小型草场及不能用机械收割的草场。

（2）机械收割　指采用机械设备，如割草机等收获牧草，适合于地势平坦的大型草场。

（二）搂草

搂草是指用搂草机将收割后铺放在地上的牧草搂集成条，便于集堆、捡拾、打捆和干燥等。搂草除用搂草机外，小型草场也可以用耙子。

（三）压扁

指采用牧草压扁机将牧草茎秆压裂，这样做不仅能达到迅速干燥的目的，而且可使各部分干燥均匀。

（四）干燥

1. 自然干燥法　自然干燥法不需要特殊设备，成本低，但易

受自然气候条件的制约，而且劳动强度大、效率低，调制的干草质量差。

（1）地面干燥法　指将收割后的牧草在原地或者运到地势比较高燥的地方进行晾晒的调制干草的方法。

（2）草架干燥法　在比较潮湿的地区或者雨水较多的季节，可以在专门制作的草架子上进行干草调制。干草架子有独木架、三角架、幕式棚架、铁丝长架、活动架等。在架上干燥时应自上而下地把草置于草架上，厚度应小于 70 厘米并保持蓬松和一定的斜度，以利于采光和排水。

（3）发酵干燥法　是将收获后的牧草先进行摊晾，使其水分降低到 50%左右时将草堆集成 3～5 米高的草垛逐层压实，垛的表层可以用土或薄膜覆盖，使草垛发热并在 2～3 天内使垛温达到 60～70℃，随后在晴天时开垛晾晒，将草干燥。当遇到连绵阴雨天时，可以在保持温度不过分升高的前提下而发酵更长的时间。此法晒制的干草营养物质损失较大。

2. 人工干燥法　人工干燥法则是利用一定的干燥设备来调制干草的方法，可以克服自然干燥法对天气状况的依赖，并减少微生物、生化过程、雨淋和枝条折断等对干草质量的影响，但成本高。

（1）吹风干燥　指利用电风扇、吹风机和送风器对草堆或草垛进行不加温干燥的方法，常温鼓风干燥适合用于牧草收获时昼夜相对湿度低于 75%而温度高于 15℃的地方使用。在特别潮湿的地方可以适当加热鼓风用的空气，以提高干燥的速度。

（2）高温快速干燥　指利用烘干机将牧草水分快速蒸发掉。含水量很高的牧草在烘干机内经过几分或几秒钟，其水分便可下降到 5%～10%。此法调制干草对牧草营养价值及消化率的影响很小。但需要较高的投入，干制成本大幅增加。

3. 物理、化学干燥法　指运用物理和化学的方法来加快干燥以降低牧草干燥过程中损失的方法，目前应用较多的物理方法是压裂草茎干燥法，化学方法是干燥剂添加干燥法。

（1）压裂草茎干燥法　牧草干燥时间的长短主要取决于其茎秆

干燥所需要的时间，因为叶片干燥的速度比茎秆要快得多，所需的时间短。如豆科牧草，当叶片水分干燥到15%～20%时，其茎的水分含量为35%～40%。为了使牧草茎叶干燥保持一致，减少叶片在干燥中的损失，常利用牧草茎秆压裂机将茎秆压裂压扁，消除茎秆角质层和维管束对水分蒸发的阻碍，加快茎中水分蒸发的速度，最大限度地使茎秆的干燥速度与叶片干燥速度同步。压裂茎秆干燥牧草的时间要比不压裂干燥缩短1/3～1/2。

（2）干燥剂添加干燥法　将一些化学物质添加或者喷洒到牧草上，然后经过一定的化学反应可破坏牧草表皮的角质层，能加快牧草体内的水分蒸发，提高干燥速度。目前应用较多的干燥剂主要有碳酸钾、碳酸钙、碳酸钠、氢氧化钾、磷酸二氢钾、长链脂肪酸酯等。这种方法不仅可以减少牧草干燥过程中的叶片损失，而且能够提高干草营养物质的消化率。

在干草调制过程中，由于刈割、翻草、搬运、堆垛等一系列手工和机械操作，不可避免地造成细枝嫩叶的破碎脱落，一般情况下，叶片损失达20%～30%，嫩枝损失达6%～10%。因此，在晒草中除选择合适的收割期外，应尽量减少翻动和搬运次数，减轻机械作用造成的损失。

（五）打捆

牧草打捆通常可以分为三步，即原地打捆、草捆贮存、二次压缩打捆。

1. 原地打捆　饲草收割后在阳光下晒2～3天，其水分含量降低。例如，当苜蓿中的水分含量降到18%以下时，可在早晚凉爽进行打捆，这样可以减少苜蓿叶子的脱落、破损及营养物质的损失。打捆时避免将土块、杂草及霉变草捆入。

2. 草捆贮存　捆好的草捆要运至仓库或贮草坪上码垛贮存，码垛时草垛间要留有一定的缝隙，以便于通风，提高草捆中水分的散发速度。贮存时草捆不能直接放于地面，要垫上木板或水泥板等，草垛顶部要用防雨布或塑料布盖好。

3. 二次压缩打捆　草捆在仓库或贮草坪上贮存 20～30 天后，当水分含量降至 12%～13%时即可进行二次压缩打捆，即将两捆草压缩为一捆，以减少草垛体积，降低贮存和运输成本。

（六）牧草贮存

1. 散的青干草的贮存

（1）露天堆放　这是一种经济、实惠的贮存青干草的方法。在羊舍附近且平坦、干燥、易排水的地方筑成台，台上铺垫板、树枝、卵石或 25～30 厘米厚的玉米秸秆，四周挖好排水沟，堆成圆形或长方形草堆。长方形草堆，一般高 6～10 米，宽 5～5.5 米；圆形草堆，底部直径3～4 米，高 5～6 米。长方形草垛顶部加防护层，草垛大小一般为宽 5～5.5 米、长 20 米、高 18～20 层的干草捆。底层草捆应和干草捆的宽面相互挤紧，窄面向上，整齐铺平，不留通风道或任何空隙。其余各层堆平，上层草捆之间的接缝应和下层草捆之间的接缝错开。从第 2 层草捆开始，可在每层中设置 25～30 厘米宽的通风道，在双数层开纵向通风道，在单数层开横向通风道。干草一直堆到 8 层，第 9 层的边缘突出于 8 层之外，作为遮檐，第 10、11、12 层以后成阶梯状堆置，每一层的干草纵面比下一层缩进 2/3 或 1/3 捆长。垛顶共需堆置 9～10 层草捆，然后用草帘或其他遮雨物覆盖。

（2）草棚贮存　在气候湿润或条件较好的牧场应专门修建贮草棚或青干草专用仓库贮存干草，以减少日晒、雨淋。堆草时干草与地面、棚顶保持一定距离，便于通风散热。也可利用空房或屋前屋后能遮雨的地方贮存。

底层草捆应和干草捆的宽面相互挤紧，窄面向上，整齐铺平，不留通风道或任何空隙。其余各层堆平，上层草捆之间的接缝应和下层草捆之间的接缝错开。从第 2 层草捆开始，可在每层中设置 25～30 厘米宽的通风道，在双数层开纵向通风道，在单数层开横向通风道。

2. 打捆的青干草的贮存　散干草体积大，贮运不方便，为了便于贮运，使损失降至最低且保持干草的优良品质，生产中常把青干草压缩成方形或圆形的草捆，叠放贮存。草垛大小根据贮存仓库或贮存地的大小确定，一般宽 5 米、长 20 米、高 18～20 层草捆，每层间设 0.3 米^3 的通风道，其数目取决于牧草的含水量及草捆大小。

另外要注意，牧草干燥后通常水分保持在 15%左右，在存放过程中要注意防水、防潮，并避免鼠等在干草中排泄、繁殖，以免污染牧草。干草中的营养素含量会随时间的延长而损失，如干草经过长期贮存后其干物质的消化率降低，胡萝卜素会被破坏，草香味消失，适口性变差。因此，干草最好是当年收获当年饲喂，不要长期贮存及隔年饲喂等。

第六章
各生长阶段羊的饲养管理及常规管理

第一节　各生长阶段羊的饲养管理

一、种公羊的饲养管理

种公羊（图 6－1）的利用价值高，其饲养管理要求比较精细，要维持中上等膘情，力求常年保持较好的繁殖体况，配种季节前后应保持较好膘情。种公羊的饲料要求营养含量高，有足量优质的蛋白质、维生素 A、维生素 D 及无机盐等，并且容易消化、适口性好。

图 6－1　种公羊特征

1. 非配种期　非配种期要保证热能、蛋白质、维生素和矿物质等的充分供给。一般来说，在早春和冬季没有配种任务时，体重

80～90 千克的种公羊，每天需 1.5 千克左右的饲料单位、150 克左右的可消化蛋白质。配种期每日补喂混合精饲料 0.5 千克，干草 3 千克，胡萝卜 0.5 千克，食盐 5～10 克，骨粉 5 克。

2. 配种期 配种期每生产 1 毫升的精液，需可消化粗蛋白质 50 克。此外，激素和各种腺体的分泌物及生殖器官的组成也离不开蛋白质，同时维生素 A 和维生素 E 与精子的活力和精液品质有关。一般应从配种预备期（配种前 1～1.5 个月）开始增加精饲料的供给量，一般为配种期饲养标准的 60%～70%，然后逐渐增加到配种期的标准。在配种期内，体重 80～90 千克的种公羊，每天需要2 千克以上的饲料单位、250 克以上的可消化蛋白质，并且根据日采精次数的多少，相应地调整常规饲料及其所需饲料（如牛奶、鸡蛋等）的定额。一般可按混合精饲料 1.2～1.4 千克、青干草 2 千克、胡萝卜 0.5～1.5 千克、食盐 15～20 克、骨粉 5～10 克的标准饲喂。配种期内，不仅要求营养丰富，而且公、母羊还要单独饲养。莱芜黑山羊种羊舍见图 6－2。

图 6－2　莱芜黑山羊种羊舍

种公羊配种前 1～1.5 个月开始采精，同时检查精液品质。开始时 1 周采精 1 次，以后增加到每周 2 次，然后每 2 天 1 次，到配种时每天可采 1～2 次。对小于 18 月龄的种公羊 1 天内采精不得超过 2 次，且不要连续采精；2 岁半以上的种公羊每天采精 3～4 次，最多 5～6 次。采精次数多时，每次间隔需保持 2 小时左右，以使种公羊有休息时间。公羊采精前不宜吃得过饱。对精液密度较

低的种公羊，日粮中可加一些动物性蛋白质，如鱼粉、发酵血粉等，同时要加强运动，特别是精子活力较差的种公羊更应加强运动。

二、繁殖母羊的饲养管理

1. 空怀期　空怀期是指羔羊断奶到配种受胎时期，此期营养的好坏直接影响母羊的配种、妊娠状况。为此，应在配种前1个月按饲养标准配制日粮进行短期优饲，优饲日粮应逐渐减少。如果受精卵着床期间营养水平骤然下降，则会导致胚胎死亡。

2. 妊娠期　母羊的妊娠期平均为150天，分为妊娠前期和妊娠后期。

（1）妊娠前期　妊娠前期是受胎后前3个月，胎儿绝对生长速度较慢，所需营养少。此期要避免母羊吃霉烂的饲料，不要让其猛跑，不让其饮冰茬水，以防早期隐性流产。

（2）妊娠后期　妊娠后期是妊娠的最后2个月，此期胎儿生长迅速，90%的初生重在此期完成。此期的营养水平至关重要，直接关系到胎儿发育、羔羊初生重、母羊产后的泌乳力、羔羊出生后的生长发育速度及母羊下一个繁殖周期。因此该期的热代谢水平比空怀期高17%～25%，蛋白质的需要量也增加。饲养标准应比妊娠前期每天增加饲料单位30%～40%，增加可消化蛋白质40%～60%，增加钙、磷1～2倍。但值得注意的是，此期母羊如果养得过肥，也易出现食欲不振，反而易使胎儿出现营养不良。

3. 哺乳期　哺乳期大约90天，一般将哺乳期划分为哺乳前期和哺乳后期。哺乳前期指羔羊出生后的前2个月，其营养来源主要靠母乳。羔羊每增重1千克需母乳5～6千克，为满足羔羊快速生长发育的需要，必须提高母羊的营养水平，以提高泌乳量。应尽可能给母羊多提供优质干草、青贮料及多汁饲料，同时保证饮水充足。哺乳后期，母羊泌乳量逐渐下降，而随着生长，羔羊消化机能不断完善，可以适当添加饲料，这时母羊按照空怀期母羊的饲养标准进行管理。

三、羔羊的饲养管理

羔羊生长发育快，可塑性大。但新生羔羊体质较弱，抵抗力差，易发病，因此应做好护理工作。

1. 尽早吃饱初乳 母羊产后3～5天内分泌的乳汁（初乳）黏稠，营养丰富，易被羔羊消化。初乳中富含镁盐，镁离子具有轻泻作用，能促进胎粪排出，防止便秘；另外，初乳中还含有较多的免疫球蛋白和白蛋白，以及其他抗体和溶菌酶，对羔羊抵抗疾病、增强体质有重要作用。

羔羊应在初生后半小时内吃到初乳（图6-3），对吃不到初乳的羔羊，最好能吃其他母羊的初乳，否则很难成活。对不会吃乳的羔羊要进行人工辅助吃乳。

2. 合理编群 羔羊出生后应对母仔进行编群。一般可按出生天数来分群，生后3～7日内母仔在一起单独管理，可将5～10只母羊合为一小群，7天以后可将产羔母羊10只合为一群，20天以后可大群管理。分群原则是：羔羊日龄越小，编群就要越小；日龄越大，编群就越大，同时还要考虑羊舍大小、羔羊身体的强弱等因素。在编群时，应将发育相似的羔羊编在一起（图6-4）。

图6-3 羔羊吃初乳

图6-4 羔羊群

3. 人工喂养 产多羔的母羊或泌乳量少的母羊，其乳汁往往不能满足羔羊的需要，应对羔羊进行补喂，可用牛奶、奶粉或其

他流动液体食物进行喂养。当用牛奶、奶粉饲喂羔羊时，要尽量用鲜奶；用奶粉喂羊时应该先把奶粉溶开，然后再加热水，使总加水量达奶粉总量的5～7倍。羔羊越小，胃也越小，奶粉兑水量应该越少，有条件时可加植物油、鱼肝油、胡萝卜汁及微量元素、蛋白质等；也可喂其他流体食物，如豆浆、小米汤、代乳粉或婴幼儿米粉。

4. 补喂 补喂关键是做好“四定”，即定人、定温、定量、定时，同时要注意卫生条件。

（1）定人 就是自始至终固定专人喂养，使饲养员熟悉羔羊的生活习性，掌握其吃饱程度、食欲情况及健康与否。

（2）定温 是要掌握好人工乳的温度，1月龄内的羔羊，冬季奶温一般为35～41℃，夏季还可再低些。随着日龄的增长，奶温可以降低。温度过高，不仅伤害羔羊，而且羔羊容易发生便秘；温度过低，羔羊容易发生消化不良、下痢、鼓胀等。

（3）定量 是指限定每次的喂量，一般以七成饱为宜，切忌过饱。具体给量可按羔羊体重或体格大小来定。一般全天给奶量相当于初生重的1/5。喂粥或汤时，全天喂量应低于喂奶量标准。刚出生2～3天的羊先少量饲喂，待羔羊适应后再加量。

（4）定时 是指每天固定饲喂时间。初生羔每天喂6次，间隔3～5小时喂1次，夜间可延长时间或减少饲喂次数。10天以后每天喂4～5次，到羔羊吃料时可减少到每天喂3～4次。

5. 人工奶粉配制 有条件的羊场可自行配制人工奶粉或代乳粉。人工奶粉的主要成分是脱脂奶粉、牛奶、乳糖、玉米淀粉、面粉、磷酸钙、食盐和硫酸镁。配制方法：先将人工奶粉加少量不高于40℃的温开水摇晃至全溶，然后再加水，使温度保持在38～39℃。一般4～7日龄的羔羊需200克人工奶粉，再加水1 000毫升。

6. 代乳粉配制 代乳粉的主要成分有大豆、花生、豆饼类、玉米面、可溶性粮食蒸馏物、磷酸二钙、碳酸钙、碳酸钠、食盐和氧化铁，可按代乳粉30%、玉米面20%、麸皮10%、燕麦10%、大麦30%的比例饲喂。代乳粉的配制可参考下述配方：面粉50%、乳糖24%、油脂20%、磷酸氢钙2%、食盐1%、特制料3%。将上述物品按比例标准在热火锅内炒制混匀即可。使用时以1∶5的比例加入40℃的开水调成糊状，然后加入3%的特制料，搅拌均匀即可饲喂。

7. 提供良好的卫生条件 保持良好的卫生条件有利于羔羊的生长发育，舍内最好垫一些干净的垫草，室温保持在5～10℃。

8. 加强运动 运动可增加羔羊食欲，增强其体质，促进其生长和减少疾病，提高其肉用性能。随着日龄的增长，逐渐延长应羔羊在运动场的运动时间。

9. 断奶 采用一次性断奶法，断奶后将母羊移走，羔羊继续留在原舍饲养。

四、育成羊的饲养管理

育成羊是指断奶至初配的公、母羊，也即4～18月龄的公、母羊。每一个越冬期间正是育成羊生长发育的旺盛时间，在良好饲养条件下，会有很高的增重能力。公、母羊对饲养条件的要求和反应不同，公羊生长发育较快，营养需要较多，如营养不良则发育不如母羊。对严格选择的后备公羊更应提高饲养水平，保证其充分生长发育。

五、育肥羊的饲养管理

（一）育肥前的准备及注意事项

1. 准备

（1）组建羊群，制定方案　组建育肥羊群，就是把同品种、同年龄、同体重的羊只组建在一个群里育肥。这样做便于饲养管理，能根据羊群特点制定育肥方案。在制定育肥方案时，能量饲料应以就地生产、就地取材为原则，尽量多用粗饲料，适当添加精饲料，达到既能满足能量需要，又要降低饲料成本的目的。育肥期间不要

更换饲料品种，以减少对羊的应激。

（2）做好圈舍消毒工作　育肥羊只进圈前7天，育肥舍内的饲槽、饮水槽、用具、场地等都要进行严格消毒，防止疫病发生。

（3）做好驱虫工作　要根据当地多发寄生虫种类、特点，做好羊只驱虫工作，以免影响育肥效果。

2. 注意事项

（1）育肥开始后，要经常检查羊群状况，看有无呼吸道、消化道疾病，查看采食、饮水、排粪、爬卧等是否正常，对病羊要及时隔离和诊治。

（2）新购进的羊只当天不易饲喂，只给饮水和少量干草，让其充分休息。休息后再称重分组，注射疫苗和灌服驱虫药，之后才能开始正式育肥。

（3）做好环境卫生，保持圈舍内地面干燥，每天清扫1～2次粪便。羊舍要定期消毒，以防止各种细菌滋生。

（4）注意饲料和饮水卫生，要给羊饲喂优质饲料，不喂霉烂、变质、有异味的饲料。水质要清洁，合乎饮用水的卫生标准。

（二）羔羊早期育肥技术

1. 做好早期育肥的准备

（1）在1.5月龄断奶前半月左右，实行隔栏补饲，让羔羊自由采食精饲料，保证饮水供应。

（2）精饲料应以整粒饲喂为宜，不用加工粉碎。

（3）羔羊圈舍和活动场地面要干燥、清洁，并铺少许垫草，有防雨雪棚盖，要求舍内通风良好。

（4）做好防疫消毒工作，防止疫病传染。

2. 采用全精饲料育肥技术

（1）选择饲料，配制日粮　能量饲料应选用整粒玉米，日粮配制的比例是：整粒玉米83%，黄豆饼15%，磷酸氢钙1.4%，食盐0.5%，微量元素和维生素共0.1%。在育肥期间内不要随意改换饲料，以免影响育肥效果。

（2）加强饲槽卫生管理　饲槽两边应加设护栏，防止羊只进入槽内排泄粪便，以免污染饲料。另外，饲槽高度应随羊只成长随时加以调整，防止过低或过高，影响羔羊采食。

（3）注意出现个别现象　羔羊采食整粒玉米初期，有玉米粒从口内吐出，随着日龄增长，此现象逐渐消失。采食后反刍初期减少，以后增加。羔羊正常粪便呈圆的颗粒状，在天气变化或阴雨天可能出现腹泻，但天气转好后可自行自愈。

（4）育肥终重与品种和断奶重有关　大型品种羔羊3月龄育肥终重可达35千克以上。一般羔羊增重与1.5月龄断奶重有关，断奶时体重越大，增加重量就越多。因此，选择合适品种，做好断奶前的补饲工作和保障母羊体壮奶足，是获得育肥增重效果的关键。

（三）羔羊断奶后育肥技术

1. 羔羊舍饲育肥前的准备

（1）羔羊转栏之前，要停止给水给草，空腹一夜，以免第2天抓捕时应激过大造成伤害和影响称重。羔羊被抓住应尽快运走，远离母羊，减少互相鸣叫引起的应激反应。进入育肥圈后，要减少惊扰，让羔羊充分休息。前1～2天给羔羊饲喂易消化的干草，满足饮水供应。

（2）育肥羊要全面进行一次驱虫，同时接种一次口蹄疫疫苗、三联四防苗。

（3）由于羔羊月龄、体型大小、体质强弱互相都有很大差异，因此要合理进行分组，根据各组需要精饲料量的不同分别给予补料。

2. 育肥技术要点　羔羊断奶后育肥是肉羊生产的主要方式，分为预饲期和正式育肥期两个时期。

（1）预饲期　预饲期约15天，可分为三个阶段。

①第一阶段：1～2天　只喂干草，让羔羊适应新环境。

②第二阶段：7～10天　从第3天起逐步用第二阶段日粮，第7天换完，喂到第10天。

③第三阶段：10～14 天　从第 3 天起逐步用第三阶段的日粮，第 15 天结束后转入正式育肥期。

（2）正式育肥期　对体重大或体况好的断奶羔羊进行强度育肥，选用精饲料，经 40～55 天出栏，体重可达 48～50 千克。日粮配方为玉米粒 96%，豆饼 4%，其他矿物质、维生素添加剂等可适当补给。

对体重小或体况差的断奶羔羊可实行适度育肥。日粮以青贮玉米为主，占日粮的 65%～85%，育肥期在 80 天以上，日粮的喂量逐日增加，10～14 天内达到正常饲喂量即可，日粮中不可缺少石粉或磷酸氢钙等矿物质，其应占到精饲料的 5%左右。

（四）成年羊育肥技术

（1）将淘汰母羊配种，母羊妊娠后食欲增强，采食量大，上膘快，在妊娠 60 天后可结束育肥。

（2）将淘汰母羊转入秋草场放牧或赶进农田，利用秋茬地放牧育肥。待膘情转好后再进圈舍饲育肥，以节省育肥开支。淘汰母羊育肥的日粮中要有一定量的多汁饲料。

第二节　肉羊常规管理

一、编号

对于羊的育种工作来说，编号有助于选种选配工作的顺利开展，常用的编号方法有耳标法和剪耳法等。

（一）耳标法

耳标法是目前常用的一种方法，记录了羊的个体号、品种符号及出生年月等信息。耳标（图 6－5）通常都安装在左耳朵上，并靠近根部血管少的部位。安装前用特制的打耳钳在羊耳朵上打一圆孔，用碘酒消毒后扣上耳标。耳标上编号的第一个字母代表年份的最后一位数，第二、三个数代表月份，后面是个体号，中间“0”

的多少取决于羊群大小。种羊场编号时，一般公羊用单号、母羊用双号。例如，“61100032”中“611”代表2006年11月出生，后边的00032为个体号，该个体为母羊。

（二）剪耳法

剪耳法是利用耳号钳在羊耳朵上剪缺口，不同部位的耳缺代表不同的数字，再将几个数字相加，即得所要的耳号。具体方法：先保定山羊，用碘酒消毒耳钳、打洞器和羊耳（图6-6），然后用器械标号，操作时注意避开血管。编号原则：左大右小，上1下3，公单母双；右耳上缘缺为1，下缘缺为3，耳尖缺为100，中间打洞为1 000；左耳上缘缺为10，下缘缺为30，耳尖缺为300，中间打洞为3 000。例如，314号母羊的剪耳号方法为左耳尖缺1个，左耳上缘缺1个，右耳上缘缺、下缘缺各1个。

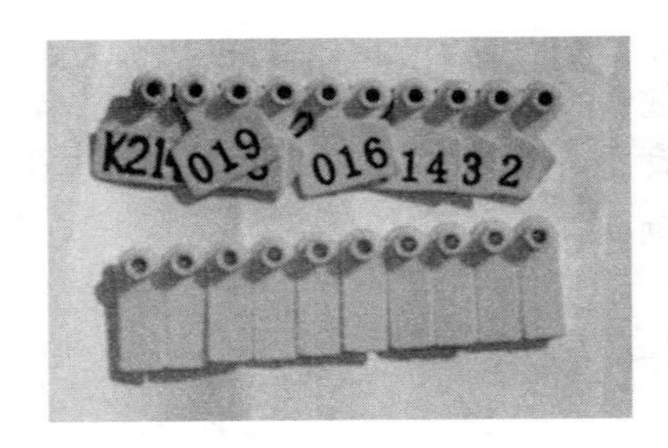

图6-5　羊耳标

图6-6　耳外侧消毒

二、去势

去势又称阉割，凡不留种的公羊都要去势，去势后的公羊称为羯羊。去势目的是为了减少初情期以后性活动带来的不利影响，改善育肥效果。去势后的羊性情温顺，便于管理，生长速度也快，肉的腥膻味会减弱，且肉质较细嫩。去势方法通常有结扎法和手术法。

（一）公羊去势方法

1. 手术法　指使用阉割刀切开阴囊皮肤及纵隔，摘除两只睾

丸的方法。手术应在晴天进行，以利于创口愈合。手术时需两人配合操作。保定者用手提起羔羊两后肢，再用双腿夹住羔羊前身。术者将阴囊外部用5%碘酒消毒后，左手握住阴囊上方，固定睾丸，右手持消毒过的阉割刀，在阴囊底部作一个2厘米左右与纵隔平行的切口，挤出睾丸，并钝性刮断精索，然后切开睾丸纵隔，摘除另一只睾丸。最后在阴囊内撒20万～30万单位青霉素，将阴囊切口对齐并用碘酒消毒即可。去势后每隔2～3小时驱赶羊只一次，让其活动，且保持羊舍干燥卫生，防止羊只在较脏的地方躺卧造成创口感染。术后见阴囊肿胀时要用力挤出血水，再涂上碘酒或消炎粉。

2. 结扎法　此为小羔羊的简便去势方法。用强力橡皮筋（也可将自行车内胎剪成2～3毫米宽的胶圈），紧紧勒住阴囊上方，使得睾丸和阴囊的血液循环受阻，约经14天阴囊和睾丸萎缩后脱落。结扎的第1～2天羔羊疼痛不安，甚至拒食，以后会逐渐适应。

（二）母羊去势方法

淘汰母羊经去势后育肥，其生长速度、肉品质、板皮质量及饲料转化率与去势公羊没有显著差异，去势方法可采用“大桃花”手术去势法。

术前对处于休情期无种用价值的母羊要禁饲8～12小时，术时母羊采用右侧卧保定，背部对着术者。术者一只脚踩住羊的颈部，另一只脚踩住羊尾，助手将羊的两后肢向后拉直即可。手术部位（髋结节前端2～3指向斜下方3～4厘米处）按常规消毒，用“大挑花”刀作一个长2～3厘米的直切口，切开皮肤到腹膜时用刀柄作钝性分离，扩大切口，伸进食指，正对肷窝方向深入触摸卵巢和子宫角，将卵巢基部及输卵管钩紧，在腹外拇指的配合下，将卵巢沿腹壁移向切口附近，用柄钩将左侧卵巢取出。再用手指伸入直肠下方到右侧探摸右侧卵巢，同法钩出，分别结扎或不结扎卵巢基部而作完整切除。复位子宫，缝合腹膜和肌肉，然后于结节处缝合皮肤，术部消毒后将羊置于清洁而干燥的羊舍中。术后 1～2 天适当减饲，并喂给易消化而富有营养的饲料。

三、断尾

羔羊断尾仅限于肉用羊、细毛羊、半细毛羊等。有三法，即快刀法、结扎法、热断法（相关图片见图 6－7 和图 6－8)。

图 6－7　需断尾的羊

图 6－8　断尾羔羊

（一）快刀法

先用细绳捆紧尾根，以阻断血液流通，然后用快刀离尾根 4～5 厘米处切断，伤口用纱布、棉花包扎，以免引起感染或冻伤。当天下午将尾根部的细绳解开使血液流通，一般经 7～10 天伤口就会痊愈。

（二）结扎法

用弹性较好的橡皮筋紧紧勒住羔羊第 3～4 尾椎处，阻断血液流通，10 天左右尾巴即可自行脱落。

（三）热断法

热断法可用断尾铲或断尾钳进行，同时准备 2 块 20 厘米见方的木板。一块木板的下方挖一个半月形的缺口，木板的两面钉上铁皮，另一块仅两面钉上铁皮即可。操作时一人把羊固定好，

两手分别握住羔羊四肢，把羔羊的背贴在固定人的胸前让羔羊蹲坐在木板上。操作者用带有半月形缺口的木板，在尾根第3～4尾椎处紧紧地压住尾巴。用灼热的断尾铲紧贴木块稍用力下压，切的速度不宜过快，若有出血可用热铲再烫一下，然后用碘酒消毒。

四、去角

对有角品种的山羊，特别是奶山羊和肉用山羊，除了极少数留种的公羊外，羔羊一般在出生后7～10天内施行去角术。去角时一般需要2人操作，一个人保定羊（也可用保定箱），另一个人进行去角操作。固定羊头部时，用手握住其嘴部，使羊不能摆动但能发出叫声为宜，防止羊被捂死和去角刺激过度而发生窒息。去角时要先将角蕾周围的毛剪掉，剪的面积要稍大些（直径约3厘米）。

（一）化学去角法

在角基部周围涂抹一圈凡士林，可以防氢氧化钠（钾）溶液流出，损伤皮肤和眼睛。用棒状氢氧化钠（钾）1支，一端用纸包好，另一端在角基部摩擦，先重后轻、由内到外、由小到大，将表皮擦至血液浸出即可，然后在上面撒些消炎粉。摩擦面要大于角基部，摩擦面过小或位置不正，往往会出现片状短角或筒状的角，而摩擦面过大会造成凹痕和眼皮上翻。去角后要擦净磨面上的药水和污染物。吃母乳的羔羊，半天内不要喂奶，以防碱液污染母羊乳房而造成损伤。同时将去角羔羊后腿用绳适当捆住（松紧程度以羊能站立和缓慢行走为准），以免疼痛时用后蹄抓破伤口。一般过2～4小时伤口即可干燥，待疼痛消失后即可解开绳子。

（二）烧烙法

将长8～10厘米、直径1～5厘米的铁棒在火上烧红，待红色变成蓝色时烧烙保定好的羔羊角蕾，次数可多一些，但每次不超过10秒，以防羔羊发生热源性的脑膜炎。当表层皮肤被破坏并伤及角原组织后可结束，然后对术部应进行消毒。

（三）机械去角法

就是用手术刀从角基切掉角蕾。对于去角不彻底的而以后长出的残角可用钢锯锯掉。

五、修蹄

在冬季，由于天气寒冷，不能外出放牧，因此舍饲羊只的蹄部磨损较少，蹄部不断生长，影响正常行走和采食。更有甚者造成蹄部畸形和引起蹄病，故要定期修蹄。一般每隔半年进行一次修蹄，将羊蹄用水浸软或在下雨后进行。修蹄时将羊放倒在地上，用修蹄剪刀将蹄部过长的和生长不规则的部分去除。但注意不能剪得过短，以免伤及内部。相关图片见图6－9至图6－14。

图6－9　修蹄剪刀

图6－10　修蹄铲

图6－11　修蹄前

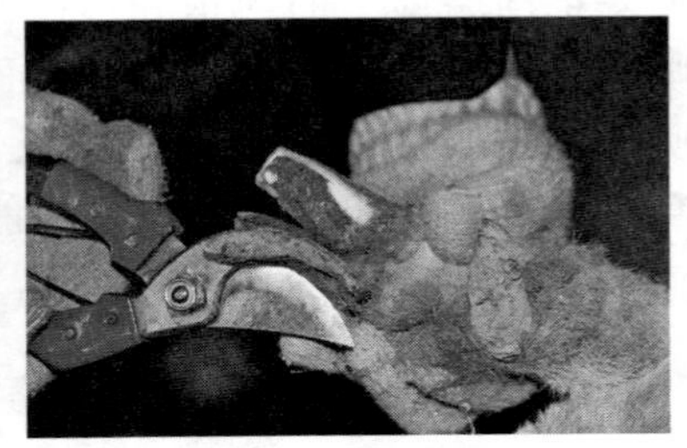

图6－12　修蹄

图 6－13　铲蹄

图 6－14　修好的蹄

六、驱虫与药浴

（一）驱虫

一般每年春、秋两季要对羊群驱肝片吸虫各 1 次。对寄生虫感染较重的羊群可在 2—3 月提前进行 1 次治疗性驱虫，对寄生虫感染较重的地区还应在入冬前再驱虫 1 次。驱虫后的羊群，应立即转到新的草场放牧，以防重新感染。常用的驱虫药物有驱虫净、阿苯达唑、虫克星（阿维菌素）等。其中，阿苯达唑又称抗蠕敏，是效果较好的新药，口服剂量为每千克体重 15～20 毫克，对线虫、吸虫、绦虫等都有较好的治疗效果。

（二）药浴

为驱除羊体外寄生虫，预防疥癣等皮肤病的发生，每年要在春季放牧前和秋季舍饲前进行药浴。药浴的方法主要有池浴、大锅浴或大缸浴、喷淋式药浴等。

（1）药浴最好隔 1 周进行 1 次，残液要泼洒到羊舍内。

（2）药浴前 8 小时停止放牧或饲喂，入浴前 2～3 小时给羊饮足水，以免羊吞饮药液中毒。

（3）让健康的羊先药浴，有疥癣等皮肤病的羊最后药浴。

（4）凡妊娠 2 个月以上的母羊暂不进行药浴，以免流产。

（5）要注意羊头部的药浴，无论采取何种方法药浴，必须要把羊头浸入药液 1～2 次。

（6）药浴后的羊应暂时留在凉棚或宽敞棚舍内，6～8 小时后方可喂草料或放牧。

以上流程见图 6－15 至图 6－24。

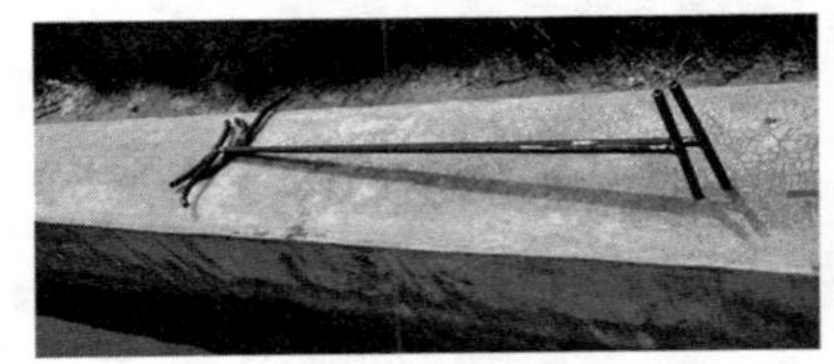

图 6－15　秘药浴辅助工具

图 6－16　向药浴池内注水

图 6－17　倒入药液

图 6－18　搅拌稀释药液

图 6－19　将羊集中在待浴台

图 6－20　驱赶羊进药浴池

图 6－21　将羊头按进药液中

图 6 - 22　用脸盆泼药液

图 6 - 23　药浴后羊集中在滴流台

图 6 - 24　药浴后的羊

第七章
肉羊疾病防控技术

第一节　综合防控技术

一、基本原则及主要措施

（一）做好场区隔离，防止病原体传入

羊场与外界之间必须要有必要的隔离消毒设施，车辆进出时必须进行严格消毒；外来人员未经有效消毒不得进入生产区；各羊舍饲养员禁止串岗和互借、串用饲养用具。

（二）坚持自繁自养，坚持引种检疫隔离

生产中要尽量避免或减少羊的引种。确实需要引进种羊时，必须注意：不得在疫病区引种，引种时要对引进种羊个体进行全面检疫；运输期间要对运输工具进行彻底消毒，并防止在路途中感染疾病。对于新引入的羊只一定要进行严格的隔离观察，时间不少于45天，其间由专人负责管理，不得与其他羊群、工人接触。对羊群进行观察时，要注意消毒、健胃、驱虫，对常见疾病进行认真检疫、防疫，对羊的排泄物集中处理，消灭蚊蝇，防止传播疾病，待确定羊无病后方可将其混入整个羊群饲养。

（三）采取科学的饲养管理

应依据羊的生活习性做好“吃、住、行”：吃——喂饱草、补

精饲料、配制日粮标准化。住——夏通风、冬保暖、清洁卫生栏干燥。行——舍饲羊群要运动、孕后期羊防跌倒。生产中严格按照羊只性别、年龄、个体大小、强弱等因素对羊群进行分群，从而避免不同状态的羊只因争贪等原因造成肥瘦、大小、强弱不均，避免因格斗引起外伤、流产等。当气温骤变、湿度过大、舍内氨气浓度过高时，应及时采取措施进行调整。必须保证羊只喝到清洁、卫生的饮水，采食到营养合理的全价日粮。

（四）做好环境消毒

应定期对羊舍、用具、地面、通道、粪便和皮毛等进行消毒。最好每隔10～15天消毒一次。可供选用的消毒液有0.5％的过氧乙酸液、双链季铵盐、3％的来苏儿溶液、抗毒威400倍稀释液等。

（五）定期监测及免疫接种

给羊群定期预防接种，提高羊只的抗病力，是有效控制传染病发生和传播的重要措施。要注意选用合格的疫苗、合适的方法进行免疫接种。有条件的羊场应对疫苗接种后产生的抗体水平进行检测，以确保免疫效果。

（六）定期驱虫

要求每个季节驱虫一次，可选用以下驱虫药：①阿苯达唑（又称抗蠕敏），每千克体重用15毫克灌服。②左旋咪唑，片剂，每千克体重用10毫克；针剂，每千克体重用7.5毫克，肌内注射（此药副作用较大，慎用）。③伊维菌素（灭虫丁），可同时驱除体内线虫和体外寄生虫（虱、蜱、螨虫），但对吸虫和绦虫无效。针剂，每千克体重用0.2毫克，皮下或肌内注射；粉剂，每千克体重用0.2克，可混入少量精饲料内喂饲或用水调匀后灌服。

（七）种羊场应有防疫设施和防疫管理制度

在羊舍下风处设兽医室、病羊隔离舍（距离健康羊舍100米以上，羊的粪便、污物应运到离羊舍200米以上的下风处堆积发酵处理）。一旦发生传染病，应采取紧急防治措施，做好隔离、治疗、消毒、处理等工作并及时向主管部门报告疫情。

二、免疫程序及防疫规程

（一）春、秋季免疫程序

1. 羊痘鸡胚化弱毒疫苗 主要用于预防山羊痘病，每年春季3—4月接种，按说明书上的疫苗量用生理盐水稀释25倍，不论羊只大小一律皮内注射0.5毫升，6天后可产生免疫力，免疫期为1年。

2. 羊四联苗或羊五联苗 四联苗即羊快疫、猝狙、肠毒血症、羔羊痢疾疫苗；五联苗即羊快疫、猝狙、肠毒血症、羔羊痢疾、黑疫疫苗。成年羊和羔羊一律皮下注射5毫升，注射14天后可产生免疫力，免疫期为半年。每年春、秋季各免疫1次。

3. 羊链球菌病氢氧化铝疫苗 主要用于预防羊链球菌病，接种方法为背部皮下注射。用量为6月龄以下每只3毫升，6月龄以上每只5毫升。一般在每年的3月、9月各接种1次，免疫期为半年。

4. 羊大肠杆菌病灭活苗 主要用于预防羔羊大肠杆菌病。一般采用皮下注射，3月龄以下的羔羊每只注射0.5～1毫升，3月龄以上每只注射2毫升。注射疫苗后14天可产生免疫力，免疫期为6个月。

5. 羊传染性胸膜肺炎氢氧化铝菌苗 皮下或肌内注射，6月龄以下每只肌内注射3毫升，6月龄以上每只肌内注射5毫升，免疫期为1年。

6. 布鲁氏菌2号弱毒苗 主要用于预防布鲁氏菌病，每只臀

部肌内注射1毫升，或内服200亿菌（2天内分2次服完），免疫期为1年。阳性羊、3个月以下羔羊、妊娠羊、种用羊均不能免疫。

（二）妊娠母羊的免疫程序

1. 羊副伤寒单价灭活苗 主要用于预防羊沙门氏菌病，妊娠羊分娩前40天左右接种1次。

2. 羔羊痢疾氢氧化铝菌苗 主要用于预防羔羊痢疾。妊娠母羊在分娩前20～30天首次免疫，每只皮下注射2毫升；分娩前10～20天第2次免疫，每只皮下注射3毫升。注射后10天产生免疫力。羔羊通过吃乳可获得被动免疫，免疫期为5个月。

3. 破伤风类毒素 主要用于预防羊破伤风。在妊娠母羊产羔前1～2个月，颈部皮下注射0.5毫升，1个月后可产生免疫力，免疫期为1年；第2年再注射1次，免疫期可持续4年。

4. 羊流产衣原体油佐剂卵黄灭活苗 主要用于预防羊衣原性流产。羊妊娠前或妊娠后1个月内每只皮下注射2毫升，免疫期为1年。

（三）根据疫情选择免疫的疫病

1. 口蹄疫疫苗 主要用于预防口蹄疫。成年羊每只肌内注射2毫升，羔羊每只肌内注射1毫升，注射后1.5天可产生免疫力，免疫期为6个月。每年春、秋季各免疫1次。母羊的秋季免疫应注意在配种前4周进行。

2. 第Ⅱ号炭疽芽孢苗 主要用于预防羊炭疽病。每年9月中旬注射1次，不论羊只大小，在股内侧或尾部每只皮内注射0.2毫升，14天后可产生免疫力，免疫为期1年。

3. 口疮弱毒细胞冻干苗 主要用于预防羊口疮。一般在每年3月、9月各注射1次，大、小羊一律口腔黏膜内注射0.2毫升，免疫期为半年。

4. 羊伪狂犬病灭活苗免疫 主要用于预防羊伪狂犬病，无疫情的羊场切忌使用。每年春、秋季各注射1次，成年山羊每只皮下注射 5 毫升，羔羊每只皮下注射 3 毫升，免疫期为半年。

上述免疫程序仅供参考，免疫时间可根据生产需要和产生免疫力的时间确定，具体免疫方法应按疫苗标签说明操作。另外，在生产中，应根据当地羊群的流行病学特点进行预防注射。一般是在春季或秋季注射羊快疫、猝狙、肠毒血症三联菌苗，以及炭疽、布鲁氏菌病、大肠杆菌病疫苗等。在缺硒地区，应于羔羊出生后6 天左右注射亚硒酸钠，以预防白肌病。

三、消毒工作

1. 羊舍消毒 一般分两个步骤：即先进行机械清扫，再用消毒液消毒。机械清扫是搞好羊舍环境卫生最基本的一种方法，清扫后舍内的细菌数可减少 20%左右；如果清扫后再用清水冲洗，则细菌数可减少 50%以上；清扫、冲洗后再用药物喷雾消毒，则细菌数可减少 90%以上。

2. 地面消毒 地面可用 10%漂白粉、4%福尔马林或 10%氢氧化钠溶液消毒。停放过芽孢杆菌所致传染病（如炭疽）病羊尸体的场所，应严格消毒。首先用上述漂白粉澄清液喷洒池面，然后将表层土壤掘起 30 厘米左右，用干漂白粉、土混合，将此表土妥善运出掩埋。被其他传染病所污染的地面土壤，则可先将地面翻一下，深约 30 厘米，在翻地的同时撒上干漂白粉，然后以水浸湿、压平。如果放牧地区被某种病原体污染，则可利用自然因素（如阳光）来消除病原体；如果污染面积不大，则应用化学消毒药。

3. 粪便消毒 最实用的方法是生物热消毒法，即在距羊场 100～200 米以外的地方设堆粪场，将羊粪堆积起来，上面覆盖 10 厘米厚的沙土，堆放发酵 30 天左右即可用作肥料。

4. 污水消毒 最常用的方法是将污水引入污水处理池，加入化学药品进行消毒。药品用量视污水量而定，一般每升污水用 2～5 克漂白粉。

5. 皮毛消毒 羊患炭疽病、口蹄疫、布鲁氏菌病、坏死杆菌病等时均应消毒。羊患炭疽病时严禁剥皮，在贮存的原料皮中即使

只发现一张患炭疽病的羊皮，也应将整堆与其接触过的羊皮进行消毒。皮毛消毒，利用环氧乙烷气体消毒法。消毒时必须在密闭的专用消毒室或密闭良好的容器内进行。在室温 15℃时，每立方米密闭空间使用环氧乙烷 0.4～0.8 千克，维持 12～48 小时，相对湿度在 30%以上。

四、检疫制度

羊场或养羊专业户引进羊时，只能从非疫区购入，经当地兽医检疫部门检疫，并签发检疫合格证明书。运抵目的地后，再经所在地兽医验证、检疫并隔离观察 1 个月以上，确认为健康者，经驱虫、消毒，注射过疫苗的还要补注疫苗，方可与原有羊混群饲养。羊场采用的饲料和用具，也要从安全地区购入，以防疫病传入。大群检疫时，可用检疫夹道，即在普通羊圈内，用木板做成夹道，进口处呈漏斗状，与待检圈相连，出口处有 2 个活动小门，分别通往健康圈和隔离圈。夹道用厚 2 厘米、宽 10 厘米的木板，做成 75 厘米高的栅栏。夹道内的宽度和活动小门的宽度为 45～50 厘米。检疫时将羊赶入夹道内，检疫人员即可在夹道两侧进行检疫。根据检疫结果，打开出口的活动小门，分别将羊赶入健康圈或隔离圈。

第二节　常见羊病及其防控技术

一、常见传染病及其防控技术

（一）炭疽

炭疽是由炭疽杆菌引起的人兽共患急性、热性、败血性传染病。炭疽主要为食草动物（如羊等）的传染病。

【病原及其流行特征】炭疽杆菌为革兰氏阳性的粗大杆菌（图 7-1），长链状，可形成厚的荚膜，不运动，菌体两端平切似竹节状，可形成卵圆或圆形芽孢。常存在于病羊带血的排泄物中，随病羊尸体而污染环境。当羊采食含炭疽芽孢的饮水和饲料后会通过消化道而感染，也可经呼吸道和皮肤伤口感染，或经吸血昆虫作为传染媒介而传播。炭疽常于炎热夏季和雨季洪水泛滥后发生，呈地方流行性，秋、冬季节散发。现场可用 0.5%过氧乙酸、20%漂白粉消毒，来苏儿和石炭酸的消毒效果较差。

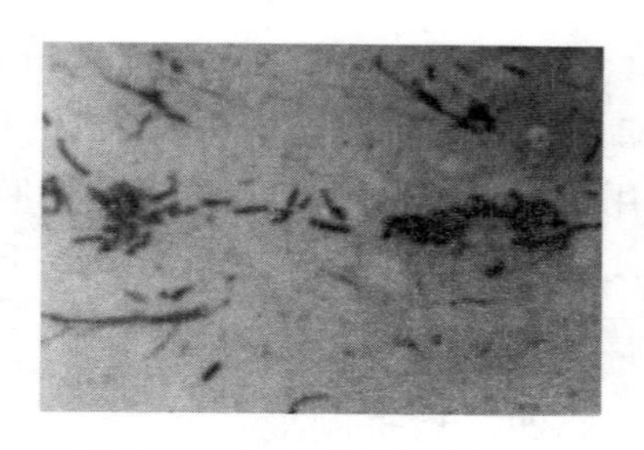

图 7－1　组织中的炭疽杆菌，大杆状，有厚层夹膜

【症状】潜伏期为 2～4 天，最长可达 2 周，绵羊可短至 12～24 小时。最急性的发病羊突然倒地、战栗、昏迷、磨牙等。天然孔流出带有气泡的黑褐色液体，短短几分钟内即可死亡。病程稍长者，体温升高达 42℃，精神沉郁，呼吸迫促，兴奋不安，黏膜呈蓝紫色，卧地不起，从天然孔流出血水，在数小时内死亡。有的羊只出现体温升高和腹痛症状。

【病理变化】患炭疽的病羊禁止解剖，只有在严格的防护、隔离、消毒条件下，方可剖检。最急性炭疽为败血症病变，头、颈、腹下等处皮下结缔组织发生胶样浸润，并可扩散到肌肉深层。血液凝固不良，呈暗红色，煤焦油状。脾脏肿大、变性、淤血、出血，比正常的肿大 2～5 倍，颜色暗红，髓质变脆，切面充满煤焦油状血液。淋巴结肿大，出血，切面深红至暗红色。脾脏充血，水肿（图 7－2 和图 7－3）。胃肠道有坏死性、出血性炎症变化，有时在肠黏膜出现炭疽痈。心包及内外膜出血，气管及支气管充有大量血样泡沫。胸腹腔有血样渗出物。尸体极易腐败。

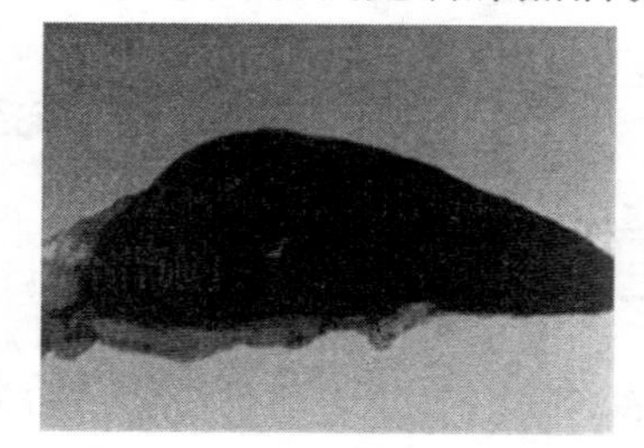

图 7－2　脾肿大、柔软，切面呈黑色，结构不清

肾肿大、淤血、出血、变性，

表面有灰红色坏死灶（图 7－4）。

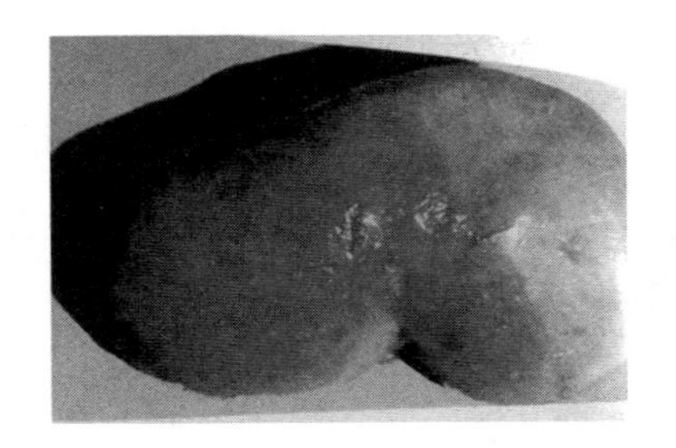

图 7－3　脾被膜出血

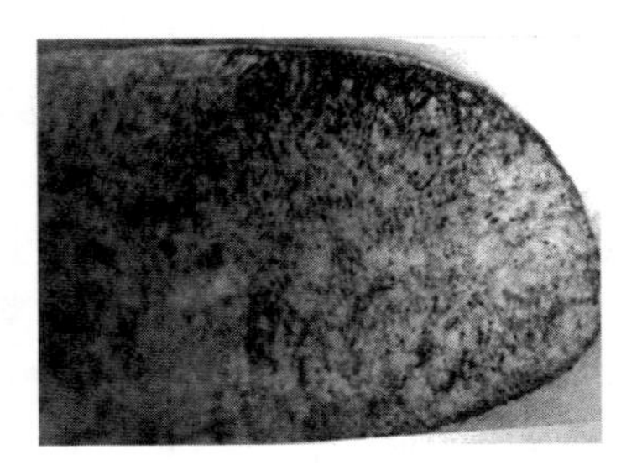

图 7－4　出血——坏死性肾炎

【防治措施】

1. 预防　发生疫情后应隔离病羊，同时紧急接种疫苗。凡2～3年内在有炭疽发生地工作的人，均应在每年的 4—5 月前进行免疫接种，连续 3 年。对同群或与病羊接触过的健康羊、周围地区的易感动物，用炭疽芽孢疫苗免疫接种。封锁疫区发病的羊场，尸体完整者可施深埋或烧毁。对被污染的场地、用具、圈舍进行彻底消毒。非安全地区，每年 6—7 月用炭疽芽孢疫苗免疫注射一次。

2. 治疗　可用抗炭疽血清，或青霉素、链霉素、氯霉素、磺胺类药物治疗。

（二）小反刍兽疫

小反刍兽疫俗称“羊瘟”，又名小反刍兽假性牛瘟、肺肠炎、口炎肺肠炎复合症，是由小反刍兽疫病毒引起的一种急性病毒性传染病，肉羊感染后以发热、口炎、腹泻、肺炎为特征。

【病原及其流行特征】 小反刍兽疫病毒属副黏病毒科麻疹病毒属。多形性，通常为粗糙的球形。病毒核衣壳为螺旋的中空杆状并有特征性的亚单位，有囊膜。病毒可在胎绵羊肾、胎羊及新生羊的睾丸细胞、Vero 细胞上增殖，并产生细胞病变，形成合胞体。主要感染山羊、绵羊，但山羊发病比较严重。小反刍兽疫主要通过直接和间接接触传染或经呼吸道飞沫传染。本病的传染源主要为患病羊和隐性感染羊，处于亚临床症状的病羊尤为危险。病羊的分泌物和排泄物中均含有病毒。

【症状】潜伏期为4～5天，最长21天。自然发病仅见于山羊和绵羊。山羊发病严重，绵羊也偶有严重病例发生。一些康复山羊的唇部形成口疮样病变。急性型体温可上升至41℃，并持续3～5天。感染羊烦躁不安，背毛无光，口、鼻干燥，食欲减退。流黏液脓性鼻漏，呼出恶臭气体。在发热的前4天，口腔黏膜充血，颊黏膜出现进行性广泛性损害，导致多涎，随后出现坏死性病灶。病初口腔黏膜有小的、粗糙的红色浅表坏死病灶，以后变成粉红色，感染部位包括下唇、下齿龈等处。严重病例可见坏死病灶波及齿垫、腭、颊、乳头、舌头等处。后期出现血水样腹泻，严重脱水，消瘦，随之体温下降，咳嗽、呼吸均异常。发病率高达100%，严重暴发时死亡率为100%，在轻度发生时死亡率不超过50%。幼龄羊发病严重时病死率很高。相关症状见图7－5至图7－8。

【病理变化】患羊有结膜炎、坏死性口炎等肉眼病变，严重病例可蔓延到硬腭及咽喉部。皱胃常出现病变，而瘤胃、网胃、瓣胃很少出现病变，病变部常有规则的且有轮廓的糜烂，创面红色、出血。肠糜烂或出血，尤其是在结肠、直肠结合处呈特征性线状出血或斑马样条纹。淋巴结肿大。脾有坏死性病变。在鼻甲、喉、气管等处有出血斑。相关病理变化见图7－9至图7－12。

图7－5　从病羊眼、鼻中排出的大量分泌物

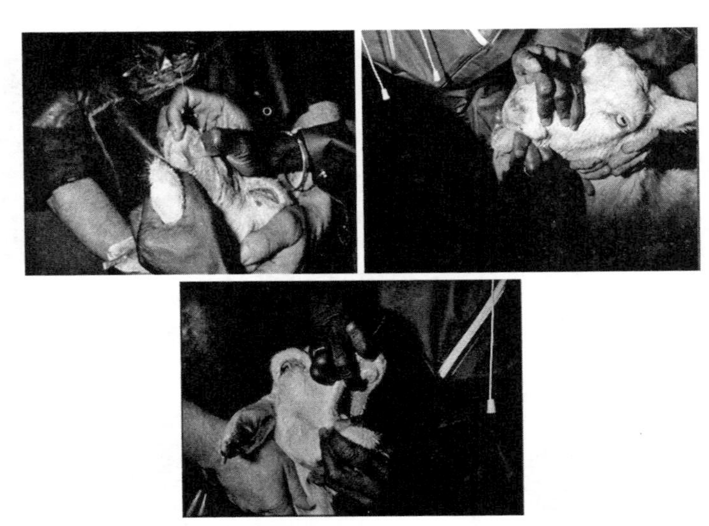

图 7 - 6　病羊口腔溃疡

图 7 - 7　病羊腹泻

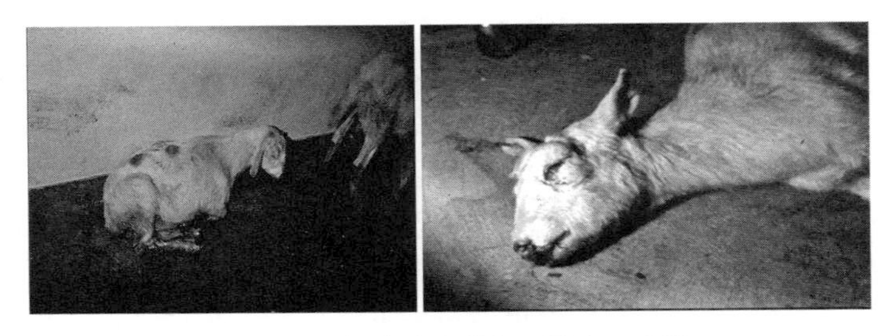

图 7 - 8　病羊严重脱水、消瘦、虚脱

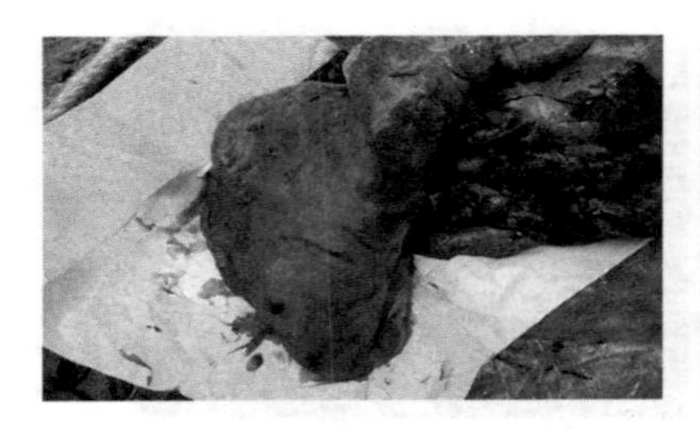

图 7－9　病羊肺部淋巴结肿胀及水肿

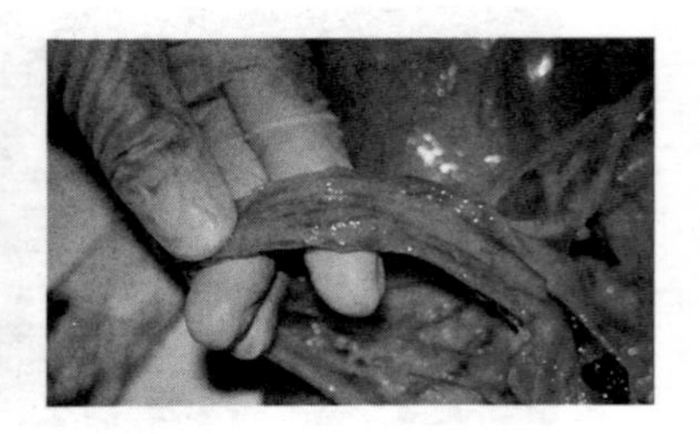

图 7－10　病羊皱胃黏膜严重充血、溃烂

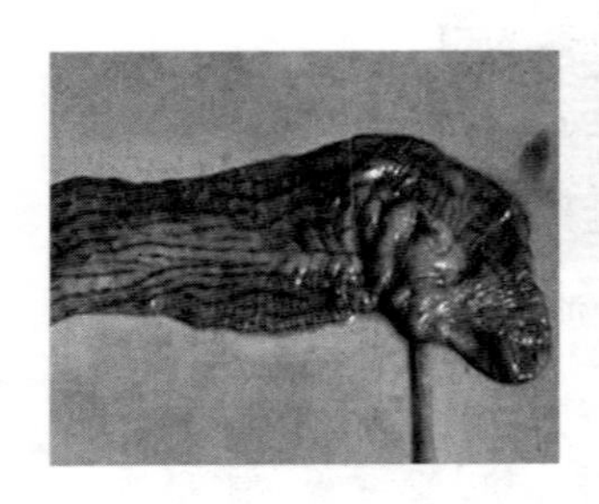

图 7－11　病羊大肠出血，形成斑马样条纹

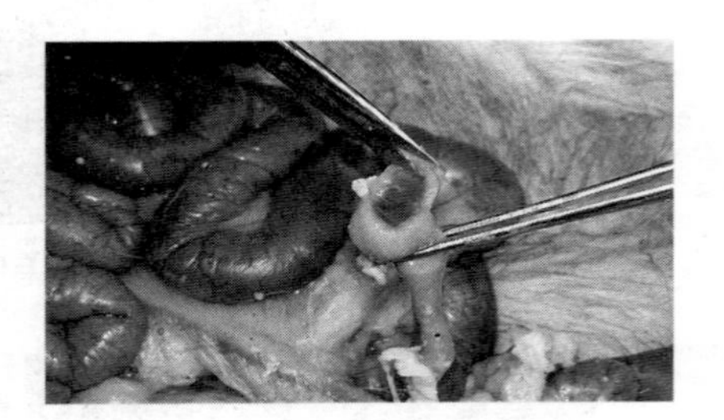

图 7－12　病羊肠淋巴结坏死和萎陷

【防治措施】

1. 预防　严禁从存在本病的国家或地区引进肉羊。在发生本病的地区，可根据小反刍兽疫病毒与牛瘟病毒抗原相关原理，用牛瘟组织培养苗进行免疫接种。

2. 治疗　本病发生时尚无行之有效的治疗方法，病初使用抗生素和磺胺类药物可对症治疗和预防继发感染。在无该病的国家和地区发现病例时应严格封锁，扑杀患羊并消毒。目前，防控本病主要靠疫苗免疫。

（三）恶性水肿

恶性水肿是由以腐败梭菌为主的水肿梭菌、魏氏梭菌、溶组织梭菌等多种梭菌引起的，多种家畜的一种急性、创伤性、中毒性传

染病。其特征是患病家畜体表出现气肿、水肿和全身性毒血症。绵羊和山羊均可发生本病，常由于剪毛时剪破皮肤被感染而引起。此外，如去势、断尾、咬伤、接产和其他外伤也可感染本病。病程短而急，死亡率高。主要以局部发生急剧气性炎性水肿为主，并伴有发热或全身性毒血症。

【病原及其流行特征】本病主要病原为梭菌属中腐败梭菌和魏氏梭菌。腐败梭菌为严格厌氧菌，菌体粗大，两端圆钝，革兰氏阳性菌，可形成芽孢，菌体呈梭状，周身有鞭毛，能运动，广泛地分布于自然界。绵羊多在有外伤（如去势、断尾、分娩、抵抗伤、外科手术）时，因消毒不严，沾染本菌芽孢后被感染。本病呈散发性流行。

【症状】潜伏期一般为12～72小时。病羊多表现精神萎靡，虚弱，呼吸困难，反刍停止，腹胀、腹痛、腹泻、脱水，乃至昏迷、休克。在创伤部常发生广泛的炎性水肿，肿胀部灼热、疼痛。眼结膜发绀，心率加快，体温升高至41℃以上。当炎症侵害四肢时，可发生跛行。侵害会阴下部，导致卧地不起。局部感染后变为无热痛，触摸柔软并有捻发音出现。肿胀部皮下和肌间结缔组织内流出淡褐色夹杂少许气泡的液体，气味酸臭。严重时高热稽留，呼吸困难，脉搏跳动加快，结膜发绀，多在1～3天死亡。

【病理变化】发病局部弥漫性水肿，皮下和肌间结缔组织溢出淡黄色或红褐色液体，有腐败的酸臭味，有气泡。脾和淋巴结肿大，并有出血灶。肝和肾肿胀，并有灰黄色病灶。腹腔、心包积有多量的淡黄色或黄红色液体。绵羊经消化道感染腐败梭菌时，可引起另一种称为绵羊快疫的疾病，其病理变化与羊快疫相似。

【防治措施】根据创伤感染和症状可作出初步判断，确诊应作细菌学检查。注意该病应与炭疽和气肿疽相区别。

1. 预防　在行外科手术和注射时，注意消毒，遵守无菌操作，加强术后护理。该病发生后要深埋或烧毁病羊尸体。以20%漂白粉、3%氢氧化钠消毒效果最佳。

2. 治疗　本病发病急、病程短、死亡快，故应对病羊尽快作全身和局部治疗。发病早期在病灶周围联合注射青霉素、链霉素，或静脉注射四环素，或土霉素等均可奏效。磺胺类药物对本病亦有良好的治疗效果。局部处理时应扩创，净化创面，撒布磺胺碘仿合剂。

（四）肉毒梭菌中毒症

肉毒梭菌中毒症是由于羊食入含有肉毒梭菌毒素的饲料而引起的中毒性疾病，主要以运动神经和延脑麻痹为临床特征，在西北地区均有发生。

【病原及其流行特征】肉毒梭菌为梭菌属，是腐败寄生型专性厌氧菌，其芽孢广泛分布于自然界。本菌严格厌氧，最适宜在弱碱性、25～30℃下生长繁殖。当肉骨粉、鱼粉、豆制品变质时，该菌可在其中繁殖并产生毒素。肉毒梭菌产生的毒素毒性极强，羊食入了一定量的毒素后可中毒。本病诱因为饲料中缺乏磷和微量元素引起的羊异食癖，羊采食腐败的饲料后也可发生该病。

【症状】初期病羊表现轻度兴奋，步态微强拘，头向一侧弯曲，点头翘尾，病情往往不被发现。随之病羊表现四肢僵直，共济失调，行步困难，放牧时掉群，舍饲时拒食，肌肉软弱，咀嚼和吞咽困难，体温无变化，流涎，从鼻孔流出浆性鼻涕。呼吸浅表，呈腹式呼吸。严重时卧地，最终因呼吸中枢麻痹而死（图 7－13）。

图 7－13　肉毒梭菌中毒症

【病理变化】咽喉黏膜和胃肠黏膜及心脏内外膜有出血斑点；肺

脏充血，水肿；脑膜充血。分离培养的C型肉毒梭菌见图7－14。

图7－14　分离培养的C型肉毒梭菌

【防治措施】

1. 预防　预防本病应做到饲料中应补充足量的盐类和微量元素，经常打扫圈舍。对饲料厂、草料加工调配室定期消毒，防止肉毒梭菌繁殖。

2. 治疗　早期治疗可用多价抗毒素，定型后用同型抗毒素，经常发生本病的地区可接种同型类毒素或明胶疫苗。

（五）破伤风

破伤风是由破伤风梭菌经伤口感染引起的一种急性中毒性人兽共患病，又称强直症。病羊主要表现以骨骼、肌肉或某部位肌群持续性痉挛（图7－15）和对刺激反射兴奋性增强为临床特征。本病各地均有存在，呈散在性。

【病原及其流行特征】病原为破伤风梭菌。羊在阉割、断尾、断脐、皮肤剪伤、产道撕裂伤、公羊角斗抵伤或进行外科手术时多感染破伤风梭菌。该菌产生的毒素沿淋巴液、血液传至神经中枢，再传到头、颈、前肢、躯干和后肢部；另外，也可由伤部开始经神经纤维传入头部，发生全身肌肉痉挛。在临床上1/3～2/5的病例往往检查不到伤口，可能是创伤已经愈合或经子宫、消化道黏膜损伤而感染。本病发生无明显的季节性，呈散发，幼龄羊易感。

【病理变化】尸体僵硬，心肌变性，肺脏淤血、水肿，脊髓和脊髓膜充血、出血，实质器官和肠浆膜有点状出血。

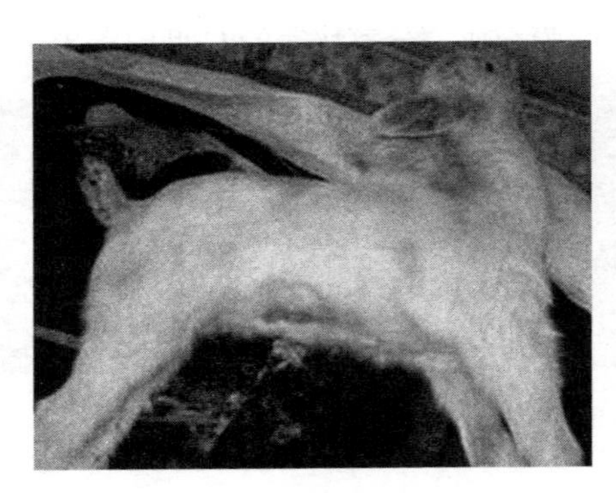

图 7－15　破伤风症状

【防治措施】根据临床特征症状、体表创伤、体温异常时可确诊。

1. 预防　在断尾、剪毛、配种、产羔前注射破伤风类毒素，可预防发生此病。接羔时，要严格对羔羊脐部进行消毒。圈舍要保持卫生，地面保持干燥，并定期消毒。

2. 治疗　置病羊于安静处，加强护理，避免受强光刺激。首先清理伤口，以 0.1%高锰酸钾溶液或 3%双氧水清洗局部，清除脓汁、坏死组织及污物，缝合伤口。为了中和毒素，早期静脉注射破伤风抗毒素 10 万单位，连用 3 次。肌内注射青霉素 160 万单位，每天 1 次，连用 5 次。若惊厥严重、肌肉强直，则可用 20%硫酸镁 50 毫升或用盐酸氯丙嗪 5 毫升肌内注射，每天 2 次。另外，可用 5%葡萄糖注射液 100 毫升、40%乌托品 20 毫升，静脉注射，每天 1 次，连用 3 天。

（六）坏死杆菌病

坏死杆菌病是由坏死杆菌引起的羊的一种慢性传染病。感染后，羊损伤的皮肤、皮下组织和消化道黏膜发生坏死，以致在内脏形成迁移性坏死灶为临床特征。该病一般散发，或表现地方流行性。

【病原及其流行特征】坏死杆菌病病原为坏死杆菌，多型性，小者如球杆菌，大者如长丝体状。本菌无鞭毛，无芽孢，不产生荚膜，革兰氏染色阴性，严格厌氧。本菌在自然界中广泛分布，如土

壤、粪便、尸体等，在健康羊的口腔、肠道、外生殖道等处也存在。病菌主要经损伤的皮肤、黏膜而侵入，也可经血流传入组织或器官中，形成继发性坏死病变。绵羊最易感染，常发生腐蹄病。羔羊经脐感染，而形成脐炎。坏死杆菌病多发生于沼泽地和多雨季节，呈散发性或地方流行性。

【症状】潜伏期一般1～3天，亦有1～2周的。羊感染的主要表现是腐蹄病。病初跛行，患肢不能负重，喜卧地（图7-16），严重者有全身症状。体温升高39.5～41℃，心率加快，呼吸次数增多。病蹄在趾（指）间隙、蹄冠、蹄缘、蹄踵处开始红肿、灼热、疼痛，并出现蜂窝织炎，形成脓肿，而后破溃，肿烂部有发臭的污秽棕黑色或黏稠的棕褐色脓样物流出。随着病变的进一步发展，可蔓延至滑液囊、腱、韧带、关节和骨，以致蹄匣或趾脱落。绵羊羔羊可发生唇疮，在鼻、唇、眼部甚至口腔发生结节，有水疱，随后呈棕黑色痂块。轻型病例很快恢复。重症病例若治疗不及时，可在内脏形成转移性坏死性病灶，加之继发其他化脓菌病，可演变成脓毒败血症，从而造成死亡。

图7-16　患坏死杆菌病的病羊

【病理变化】因坏死杆菌病死亡的羊只，除在体表有病变外，一般在内脏也有蔓延性或转移性坏死灶。病初局部皮肤红肿，继而发生坏死，形成溃疡。坏死物为黄灰或黄褐色，恶臭。坏死物形成黑褐色痂皮后，痂皮下的坏死可向深层组织扩散，最后导致蹄壳脱落和坏死性骨炎。在肠道和肺脏中也形成坏死性病变，以致形成坏死性化脓性胸膜肺炎。发生坏死性肝炎时，肝脏肿大，呈淡的暗黄色，表面或深部散布着黄白色、质地坚实、外周有红晕、大小不等的坏死灶。羔羊或形成脐坏疽和脐孔周围相邻处的纤维素性腹膜炎。

【防治措施】 依据临床症状，流行病学分析可作出初步判断，确诊应作细菌学检验。

1. 预防 生产中应改善饲养管理条件，保持圈舍卫生，消除发病诱因，避免羊皮肤、黏膜、蹄部出现外伤。

2. 治疗 一旦发现病羊，应将其隔离，并进行全群检查，同时用抗生素进行全身治疗，并进行局部外科处理。全身治疗可用青霉素和链霉素或氨苄西林 2 克，复方氯钠注射液 500 毫升，静脉注射，每天 2 次，连用 3 天。用 10%硫酸铜溶液或 5%二氧化氯复合消毒剂浸泡蹄部，或用 10%福尔马林乙醇溶液涂擦患蹄。

对于全身症状严重的患羊，同时可用 10%葡萄糖 500 毫升、10%氯化钙 30 毫升、复方氯化钠注射液 250 毫升、5%碳酸氢钠注射液 100 毫升、10%樟脑磺酸钠 3 毫升，静脉注射，每天 1 次，连用 3 天，可得到较好的效果。

（七）羔羊大肠杆菌病

羔羊大肠杆菌病是由一些特殊血清型的；对人兽有致病性的大肠杆菌引起的，尤其对初生羔羊，常引起其严重的肠道传染性疾病。临床特征是剧烈腹泻和败血症。由病原性大肠杆菌所致疾病对养羊业所造成的损失已日益明显。

【病原及其流行特征】 不同病原性大肠杆菌抗原结构不同。在肠道大肠杆菌的血清型中，常有肠致病性大肠杆菌、肠产毒素性大肠杆菌、肠侵袭性大肠杆菌、肠出血性大肠杆菌。不同牧场大肠杆菌血清型不尽相同。大肠杆菌为革兰氏阴性菌，中等大小，对外界因素的抵抗力不强，一般消毒剂均可被杀死。本病呈地方性流行或散发性，在深秋雨季、冬寒春冷时，多发生于先天性发育不良或后天性营养缺乏的羔羊。一般在出生后 6 天至 6 周多发，有些地方 38 月龄羊也有发病。本病发生时无明显季节性，一年四季均可发生。羊舍阴暗潮湿、污秽、通风不良时均能诱发本病。

【症状】本病潜伏期为数小时至1～2天，分为败血型和肠型。

1. 败血型　主要发生于2～6周龄的羔羊。初期病羊体温升高达41～42℃，精神委顿，眼结膜潮红，呼吸浅表，脉搏弱而快，表现神经症状，头弯向一侧，四肢僵硬，运步失调，有视力障碍。随病程的进一步发展，病羊头向后仰，四肢呈划水状动作。口流清涎，四肢冰凉。有些病羊关节肿胀，腹痛。严重者卧地，体躯发软、昏迷。继发肺炎后呼吸困难。很少或无腹泻发生，常常于12小时死亡。

2. 肠型　主要发生于7日龄以内的羔羊。初期病羊体温升高至40.5℃或41℃，接着出现下痢，体温下降或略高于正常。粪便开始呈半液体状，后为稀状，呈黄色或灰黄色（图7－17），含有气泡，且混有血液和黏液。病羔腹痛、弓背、咩叫、努责、虚弱、卧地，后期极度消瘦、衰竭，如不及时治疗可于24～36小时死亡，死亡率达15%～75%。亦可见到化脓性纤维素性关节炎，可从肠道分离出致病性的大肠杆菌。

图7－17　患大肠杆菌病的羔羊

【病理变化】尸体消瘦，后肢及肛门周围沾满粪痕。皱胃无内容或存有凝结乳块。败血型病羊胸腔、腹腔、心包腔有积液，或呈纤维蛋白性渗出液；关节肿大，内含纤维素性脓性渗出液。脑充血或出血，大脑沟常含有多量脓性渗出物。肠型者严重脱水，皱胃、小肠和大肠内容物呈黄灰色的半液体状，黏膜充血，肠系膜淋巴结肿胀；有的肺呈小叶性肺炎变化。

【防治措施】 根据流行病学、临床症状、细菌学检查可以确诊。但应与D型魏氏梭菌性羔羊痢疾加以区别。

1. 预防 重点在于加强饲养管理，对妊娠母羊用配合日粮饲喂，以增强羔羊体质和抗病力。改善羊场卫生状况，保持圈舍干燥、通风、阳光充足。对哺乳羔羊饲喂时做到定时、定量、定温，注意奶具清洁。用K99菌苗预防1周内的羔羊效果良好。

2. 治疗 控制本病重在预防，急性经过往往因治疗不及时而死亡率较高。对病羔除进行一般性治疗外，应对分离的大肠杆菌进行药敏试验，有针对性地使用抗生素及磺胺类药物治疗，如土霉素、新霉素等。使用活菌制剂，如促菌生、调痢生等治疗的效果也较好。

（八）口蹄疫

口蹄疫是由口蹄疫病毒引起的偶蹄兽的一种急性、热性、高度接触性传染病。临床上以口腔黏膜、蹄部和乳房处皮肤发生水疱和溃烂为特征。本病有强烈的传染性，传播速度快，不易被控制和消灭，可给养羊业造成重大经济损失。

【病原及其流行特征】 口蹄疫病毒呈圆形，具有多型和易变的特点。病羊和带毒羊是主要的传染源，可经消化道感染。本病发生时无明显的季节性，一旦发生常呈大流行性，可波及整个羊群或某一地区。幼龄羊较成年羊易感，人也可以被感染。在牧区，病羊常是隐性带毒者，绵羊是本病病毒的贮存器。

【症状】 潜伏期1周左右。初期病羊表现为体温升高，肌肉震颤，流涎（图7－18），食欲下降，反刍减少或停止。常呈群发，口腔呈弥漫性口膜炎，水疱发生于硬腭和舌面，严重时可发生糜烂与溃疡。四肢皮肤、蹄叉和趾（指）间

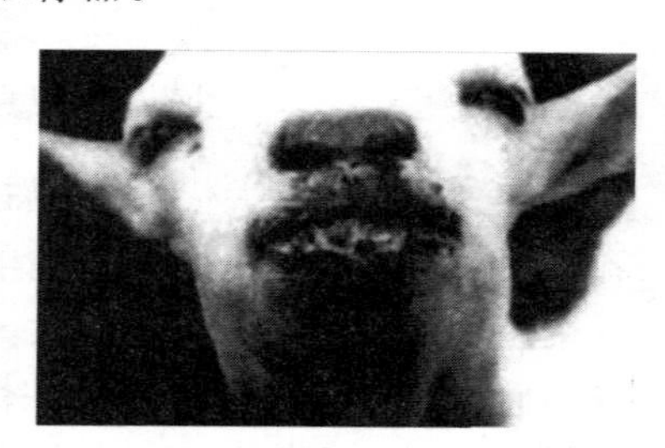

图7－18 病羊流涎

产生水疱和糜烂（图 7-19），故发生跛行。以上变化也可发生于乳房。羔羊可见出血性胃肠炎，多因继发心肌炎而死亡。

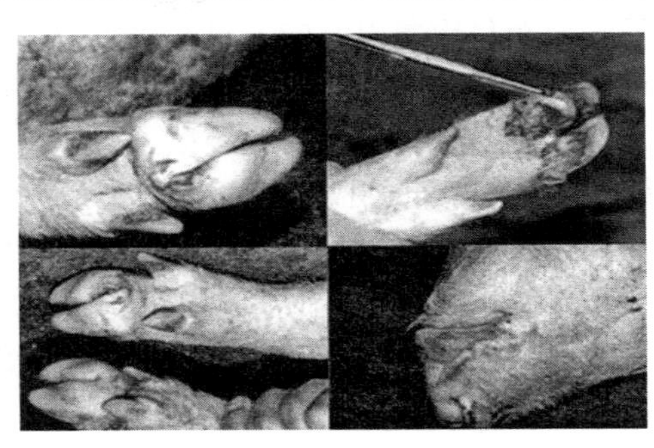

图 7-19　病羊蹄部水疱、蹄冠部皮肤溃烂

【病理变化】 除口腔、蹄部和乳房处皮肤处出现水疱和溃烂外，严重者咽喉、气管、支气管和前胃黏膜有时也有烂斑和溃疡，皱胃和大、小肠黏膜有出血性炎症。心包膜有出血斑点，心肌切面有灰白色或淡黄色的斑点或条纹，称为虎斑心，心脏似煮熟状。

【诊断】 依据本病急性经过、呈流行性传播、愈后一般良好的特点，结合临床症状可作出诊断。为了与类似疾病鉴别及毒型的鉴定，必须进行病毒分类鉴定和血清学试验等。

【防治措施】

1. 预防　发现疫情立即封锁，并报告有关主管部门，对病羊进行处死，并作深埋或焚烧处理；对疫区及周围地区的易感羊接种流行株灭活 FMD 疫苗；加强羊群圈舍的防护消毒。用2%～4%氢氧化钠溶液对羊舍、用具消毒，亦可用强力消毒剂（以二氧异氰尿酸钠为主原料的制剂）按 1∶(150～400) 配成溶液进行消毒。

2. 治疗　防止继发感染可配合应用抗生素。应用鲁格氏液（5%碘溶液 100 毫升，加水 10 千克）喷洒口腔、蹄部、乳房部皮肤，每天 1 次，连用 3 天。

（九）布鲁氏菌病

布鲁氏菌病是由布鲁氏菌引起的人兽共患传染病。发病羊临床主要表现以流产、不育、关节炎、睾丸炎等为特征。该病在世界各国均有发生，可给养羊业带来巨大的经济损失。

【病原及其流行特征】布鲁氏菌为球杆状或短杆状，不运动，不形成荚膜和芽孢，革兰氏染色呈阴性。在土壤、水中和皮毛上可存活 60～100 天，在乳制品中可存活 60 多天，在胎衣中可存活 120 多天，在 100℃的高温下 10～15 分钟可被杀死。能被一般的消毒剂杀死，但对链霉素、庆大霉素、卡那霉素等有一定的抵抗作用。

病羊和带菌羊，尤其是受感染的妊娠母羊流产或分娩时，能将大量布鲁氏菌随胎儿、胎水、胎衣排出。主要传播途径是消化道，羊采食被病原菌污染的饲料与饮水而受到感染。山羊可通过交配发生感染。病羊的奶和尿中常含有布鲁氏菌，分泌物和尿液污染羊圈舍、场地及饮水后会扩大传染面。

【症状】感染后的羊在潜伏期一般不表现症状，当发现流产后才被重视。流产是本病最显著的症状，病羊流产前表现精神不振，食欲减退，口渴，喜卧，从阴道流出黄灰色黏液，间或掺杂血液。流产多发生在妊娠后第 3 或 4 个月内。此外，还可能因关节炎及滑液囊炎而表现跛行，或继发乳腺炎和支气管炎。公羊患睾丸炎、附睾炎和精索炎。母羊流产后可出现胎衣不下或滞留及慢性子宫内膜炎。发生乳腺炎的母羊产乳量明显减少。早期流产的胎儿在流产前已死亡；发育完整的胎儿流产后衰弱，并很快死亡。山羊流产率可高达 40％～90％。

部分病羊可表现体温升高、后肢麻痹等神经症状。流产后病羊可发生结膜炎、角膜炎。

【病理变化】胎衣、绒毛膜下组织呈黄色胶样浸润，充血、出血，有的有水肿和糜烂，其上覆盖纤维素性渗出物。胎衣不下的妊娠母羊生殖道充血、出血，小面积坏死。流产胎儿胃中有淡黄色或

灰白色的黏液絮状物，肠、胃和膀胱的浆膜下可见点状或线状出血。

病羊发生关节炎时，腕、跗关节肿大，出现滑液囊炎病变。公羊睾丸和关节肿大，并有坏死灶和化脓灶。肝、脾、肾出现坏死灶。有时可见到纤维素性胸膜炎、腹膜炎，局部淋巴结肿大。病理变化的相关症状见图 7－20 和图 7－21。

图 7－20　病羊肺组织中的增生结节

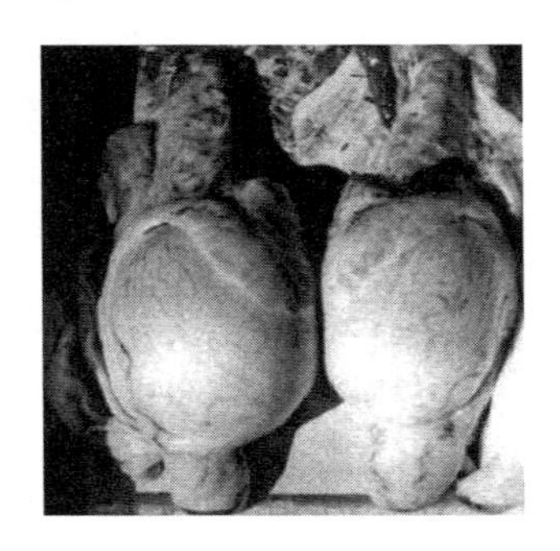

图 7－21　病羊精索肿胀，阴囊总鞘膜腔积水

【诊断】有血清凝集试验、补体结合试验、皮肤变态反应试验、免疫荧光试验、琼扩试验等。根据实验室条件及疫病流行情况，可联合使用上述检验方法判定，也可分离、鉴定病原菌；另外，豚鼠接种试验是评价分离菌株独立的标准程序。

1. 细菌镜检和培养　取流产胎儿的胃内容物和胎衣。

2. 血清学反应检查　试管凝集反应用 10％盐水，1∶50 为“＋＋”者可判定阳性。若工作量大，亦可采用血清平板凝集反应。

3. 变态反应　用水解素 0.2 毫升进行尾根部皮内注射，48 小时后观察注射部位的变化，若表现红肿、热、痛可判定为阳性。对于阴性的羊再用同样办法重复做一次注射，24 小时后再检查一次。

在实际生产中，为了得到准确的诊断结果，常以试管凝集试验为主，对可疑反应的羊只辅以补体结合反应进行诊断。在检查中严防漏检现象发生，否则可造成隐患。

【防治措施】

1. 预防

（1）建立健康羊群，定期检疫　建立和坚持检疫制度，凡调购的羊只必须进行检疫，对阳性羊只隔离、扑杀、淘汰，以杜绝该病在羊群中传播。

（2）加强消毒，净化环境　对被病羊污染的牧场、圈舍、饲料、水源等进行严格的消毒和净化。常用10%漂白粉、3%来苏儿、5%石炭酸、20%生石灰乳剂进行消毒。病羊所生羔羊经消毒处理后，应分群隔离后饲养，8～9个月后进行两次检疫，待为阴性反应后方可归群饲养。

对病羊排出的粪便、被污染的废料应堆积进行生物发酵处理，对病羊胎衣、流产死亡羔羊应作深埋或烧毁处理，不可随意丢弃。

（3）做好免疫接种，确保羊群安全　对健康羊群认真做好预防接种工作，可使用羊型5号（M5）菌苗免疫，一般采用气溶胶喷雾免疫法，用生理盐水稀释含菌苗至500亿个/毫升，用0.3～0.4MPa的空气压缩机在密闭羊舍内，进行30分钟的喷雾吸入，每只羊吸入50亿菌体的剂量。另外亦可在股部内侧，每只羊皮下注射1毫升。

2. 治疗　对病羊可使用盐酸四环素按每千克体重10～15毫克肌内注射或静脉注射，每天2次，连用2周。

（十）羊痘

羊痘是由痘病毒引起的一种急性、热性传染病，主要以皮肤和黏膜上发生特殊的丘疹和疱疹为临床特征（图7－22和图7－23）。

 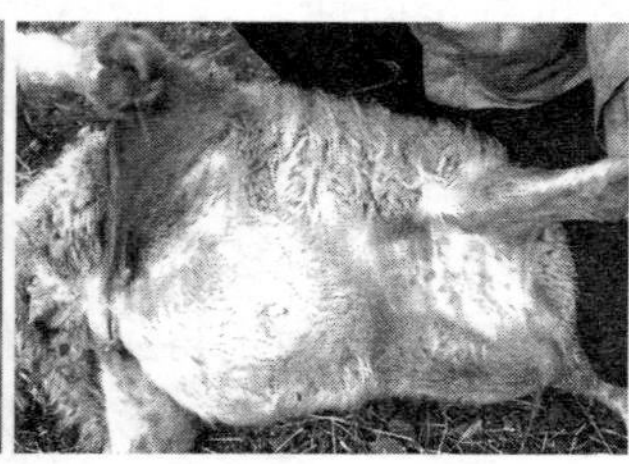

图7－22　羊痘

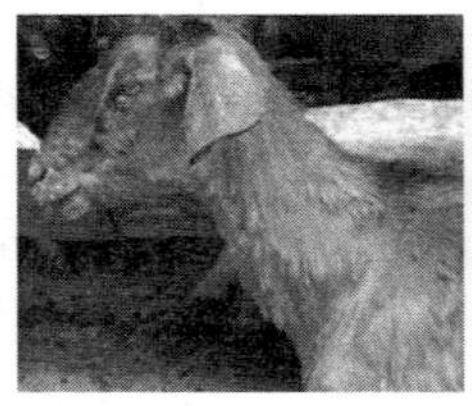
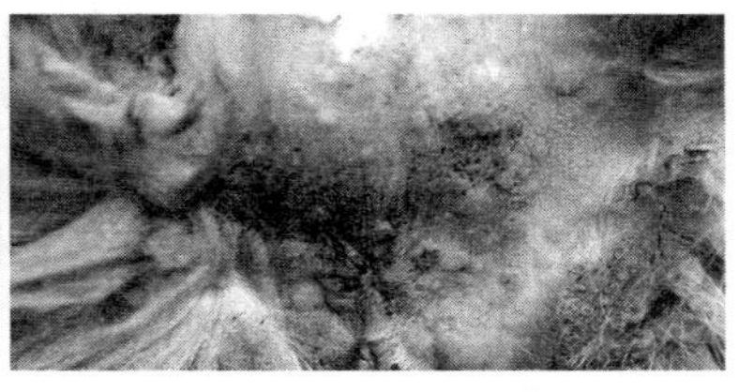

图 7-23　病羊皮肤上的痘疹

【病原及其流行特征】绵羊痘是由山羊痘病毒属的绵羊痘病毒引起的，而山羊痘是由与绵羊痘病毒同一属的山羊痘病毒引起的。各种痘病毒均为单一分子的双股 DNA 病毒，多为砖形或卵圆形。自然情况下，绵羊痘只发生于绵羊，不传染给山羊。病羊或带毒羊为传染源，病毒主要存在于痘疱之中，可通过呼吸道感染，也可经破损的皮肤、黏膜感染。绵羊痘是各种家畜痘病中最为严重的传染病之一，呈地方流行和广泛流行。本病多发生在冬末春初的寒冷季节。

【症状】潜伏期平均为 6～8 天。临床上可分为典型经过和非典型经过。

1. 典型经过　初期病羊体温升高至 40～42℃，呈稽留热。精神极度沉郁，食欲减退，伴以可视黏膜的卡他、脓性炎症。1～2 天后在皮肤少毛或无毛部位开始发痘，出现绿豆大的淡红色、圆形充血斑点，此期为红斑期。经 1～2 天斑点发展为豌豆大小、突出于皮肤表面的苍白色坚实结节，为期 1～3 天，此时为丘疹期。再经过 5～7 天变为灰白色、扁平的多室水疱，病羊体温下降，此称水疱期。水疱很快化脓，形如脐状，化脓期间病羊体温又可能升高，称为化脓期。其后脓液渐渐干涸，形成褐黄-黑褐色痂皮，约 7 天痂皮脱落，留有苍白的瘢痕。病期长达 3～4 周，多以痊愈告终。

2. 非典型经过　不出现上述典型症状或经过，常发展到丘疹期而终止，即所谓“顿挫型”经过，当脓疱期有坏死杆菌继发感染时，病变部疱痘融合，深达皮下乃至肌肉处，形成坏疽性溃疡，并发出恶臭气味，此为恶性经过。此期病死率可达17%，严重者达50%。羔羊可发生眼结膜、内脏器官的痘疱，并可继发肺炎、肠胃炎和脓血症。

山羊痘的症状和病理变化与绵羊痘相似，主要在皮肤和黏膜上形成痘疹。

本病应与羊的传染性脓疱区别。患传染性脓疱时病羊一般无全身反应，主要在口、唇和鼻周围皮肤上形成水疱、脓疱，后结痂。山羊痘耐过的病羊可获终生免疫。

【病理变化】除有上述体表所见病变外，病羊瘤胃、皱胃黏膜上有大面积圆形、椭圆形或半球形的白色坚实结节，单个或融合存在，严重者可形成糜烂或溃疡。口腔、舌面、咽喉部、肺表面、肠浆膜层亦有痘疹，肺部可见奶酪样结节和卡他性肺炎区。

【防治措施】应采取综合措施，并定期进行预防接种。

1. 预防

（1）加强饲养管理，增强羊只的抵抗力　不从疫区引进羊只和购入畜产品等，引进羊须隔离检疫21天。

（2）发生疫情时应及时隔离、消毒　必要时进行封锁，时间为2个月。可用2%氢氧化钠、2%福尔马林、30%草木灰水、10%～20%石灰乳剂或含2%有效氯的漂白粉溶液等进行消毒。

（3）免疫接种　2年以内曾发生羊痘的地区，以及受到羊痘威胁的羊群，均应进行羊痘免疫接种。有羊痘暴发时，对未发病的羊只及周围羊群进行疫苗的紧急接种。山羊用细胞弱毒疫苗，以0.5毫升皮内或1毫升皮下接种效果较好；绵羊可用鸡胚化羊痘弱毒冻干苗进行免疫，不论大小，在尾根部或股内侧皮内注射0.5毫升，4～6天可产生免疫力，免疫期为1年。

2. 治疗　在加强饲养管理和隔离的情况下，对病羊进行如下治疗：皮肤上的痘疮，涂以碘酊或紫药水；黏膜上的病灶，用0.1%高锰酸钾溶液充分冲洗后涂以碘甘油或紫药水。有继发感染时或为了防止出现并发症可使用抗生素和磺胺类药物等。必要时对症治疗，如心脏机能亢进时可用强心剂等。

（十一）羊快疫

羊快疫是羊的一种急性传染病。病原为腐败梭菌，常以引起皱胃出血性炎症损害为特征。

【病原及其流行特征】腐败梭菌为革兰氏阳性厌氧大杆菌，可产生多种毒素。本菌能产生强烈的外毒素，现已知共 12 种羊快疫主要经消化道感染感染羊突然发病，急性死亡。多发生在每年春末至秋季，年龄多在 6 月龄至 1.5 岁。绵羊对羊快疫最易感染，发病羊多为营养中等以上。山羊也易感染，但较少发病。羊只营养稍差、气候突变、圈舍泥泞、饲喂冰冻或污染草料可诱发本病，且多以散发为主。患病羊以皱胃出血性炎症损害为特征。

【症状】发病突然，患羊往往来不及表现临床症状即突然死亡，有时在放牧时死于牧场或早晨被发现时已死在圈舍内。病程稍缓者表现疝痛、腹胀、结膜发绀、磨牙，最后痉挛而死（图 7－24）。病程长者表现虚弱，食欲废绝，离群独站，不愿走动，结膜苍白，鼻端干燥，体温升高至 41℃左右，腹痛，磨牙，口流带血泡沫。排便困难，里急后重，粪便恶臭，粪中混有血丝和黏液，最后昏迷。病程极为短促，多于数分钟至几小时内死亡。亦有少数可痊愈。

图 7－24 羊快疫症状

【病理变化】死于本病的羊尸体迅速腐败，天然孔流出血样液体。可视黏膜充血，呈蓝紫色。皮下呈出血性胶样浸润。胸腔、心包腔、腹腔有淡红色液体。肝脏肿大，呈黏土色，其浆膜下可见到黑红色界限明显的斑点，切面有淡黄色的病灶。因死后迅速腐败，所以成群分布的病灶不易被辨认。因为这种变化存在，故本病有“坏死性肝炎”之称。因胆囊肿胀，有的地区又将本病称为“胆胀痛”。除上述变化外，还有如下特征变化：前胃黏膜自行脱落，并附着在胃内容物上；瓣胃内内容物干涸，形如薄石片，挤压后不易破碎；皱胃及幽门附近可见大小不等的出血斑点及坏死区；肠道充气，黏膜充血、出血，个别严重病例出现坏死溃疡。在一般情况下肠道的这种变化比肠毒血症的轻。肾脏“软化”。心内外膜出血，心肌颜色变淡，并布有出血斑点（图 7－25）。肺出血，为紫红色。

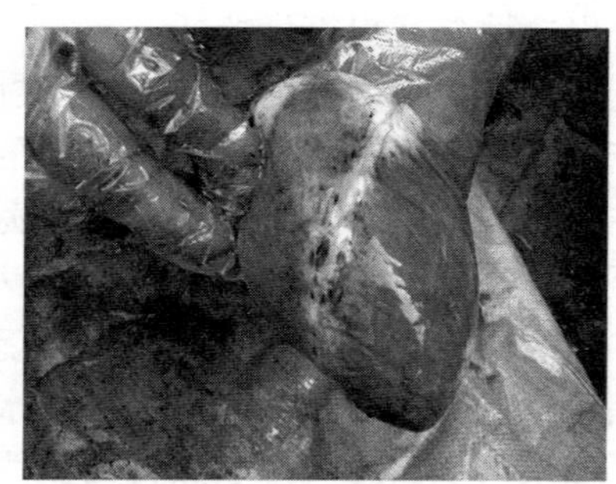

图 7－25　心内外膜出血，心肌颜色变淡，并布有出血斑点

【防治措施】

1. 预防　由于本病发病急，病程短促，因此往往来不及治疗，生产中必须加强平时的防疫管理。发病羊应进行隔离，并将其转移出牧场，严禁给羊饲喂冰冻、发霉的饲料。每年在发病季节到来之前，定期注射 1～2 次羊快疫、猝狚二联苗，或全群预防注射羊快疫、羊肠毒血症三联苗或五联苗。同时，彻底清扫羊圈进行消毒。

2. 治疗　给病羊投服磺胺类药物有一定效果。

（十二）羊肠毒血症

羊肠毒血症又称“软肾病”“类快疫”，是由 D 型魏氏梭菌在羊肠道大量繁殖产生毒素引起的，是绵羊的一种急性致死性传染病，以死亡急、死后肾脏软化为特征。

【病原及其流行特征】本病病原为革兰氏阳性厌氧粗大杆菌，可形成荚膜，故称产期荚膜杆菌，可产生多种毒素，导致全身性毒血症。

芽孢可污染饲料、饮水。羊发病时年龄不等，从几个月到 1～

3岁，在常发区2岁以下的羊尤以3～12个月膘情较好的羔羊发病较多。本病多呈散发性，绵羊发病较山羊的多，在一个疫群内的流行时间多为30～50天，且在春末、夏初、秋季多发。

【症状】 本病特点为突然发作，很少能见到症状或当发现症状时绵羊很快死亡。根据吸收毒素的多少，可分为：

1. 抽搐型　病羊在倒毙前，四蹄划动，肌肉颤搐，磨牙，眼球转动，流口水，头颈抽搐，2～4小时死亡，腹部高度膨胀，腹痛。

2. 昏迷型　病羊在临死前，步态不稳，心率加快，呼吸次数增加，全身肌肉颤抖，上下颌"咯咯"作响，磨牙，倒地，体温一般不高，四肢及耳尖发凉，继而角膜反射消失，有的病羊腹泻后于3～4小时死亡，并多死于夜间，次日凌晨才被发现（图7-26）。

病情缓慢者，起初厌食，反刍、嗳气停止，流涎，腹部膨大，腹痛，排稀粪，且粪便恶臭，呈黄褐色糊状或水样，其中混有黏液或血丝，1～2天死亡。

【病理变化】 胸、腹腔和心包积液。心脏扩张，心肌松软，心内外膜有出血点。肺呈紫红色，切面有血液流出。肝脏肿大，呈灰褐色半熟状，质地脆弱，被膜下有点状或带状溢血。胆囊肿大。肠道尤其是回肠黏膜充血、出血，重病者整个小肠段肠壁呈血红色（图7-27），或有溃疡，故称"血肠子病"。幼龄羊一侧或两侧肾脏软化，如稀泥样。全身淋巴结肿大，呈急性淋巴结炎，切面湿润，髓质部分黑褐色。

图7-26　羊肠毒血症症状

图7-27　出血性肠炎

【防治措施】

1. 预防

(1) 加强饲养管理　保持羊舍内外的环境卫生，认真执行消毒制度，及时将运动场的积水滩填平，避免羊饮用受病原菌芽孢污染的积水；同时，控制好饲养密度，保持栏舍通风，给羊群提供优质的饲草；尽量在高燥地区放牧，春、夏季避免羊过量食用青绿多汁、富含高蛋白质的饲草，秋、冬季注意不宜食用过量的结籽饲草。

(2) 免疫接种　由于羊肠毒血症病程短，发病突然。因此，每年3—4月和9—10月注射三联苗或五联苗进行免疫。

(3) 对于已发病的羊群，全群及时接种羊用三联疫苗，并且尽快将其转移到高坡干燥的地方，尽量少饲喂青绿饲料和谷物饲料，多喂粗饲料，并且严格执行消毒制度。对病死羊只要及时焚烧后作深埋处理，圈舍内外的粪便垫草及其他异物要在指定地方进行焚烧处理，使用生石灰水或5%来苏儿溶液喷洒消毒。

2. 治疗

(1) 有症状的羊只每只肌内注射160万单位青霉素3支，2次/天，连用3天。或5万～10万单位青霉素，10%葡萄糖500毫升，强心安钠咖注射液5毫升，生理盐水100～500毫升，地塞米松10毫升，维生素C 1.5克，静脉注射，2次/天（以体重计），连用3～5天。病程长的羊，可口服磺胺脒8～12克，连用3天。

(2) 在饲料中添加120毫克/千克（以体重计）的金霉素，连用5天；饮水中添加氨苄西林钠自由饮用，并且限制在2小时内饮完，连用5～7天。

(十三) 羊猝狙

羊猝狙是由C型魏氏梭菌所引起的一种毒血症，以急性死亡、溃疡性肠炎和腹膜炎为特征。

【病原及其流行特征】 C型魏氏梭菌为两端稍钝圆的大杆菌，不游动，在动物体内有荚膜。广泛存在于土壤、污水、饲料及粪便中，常见于低洼、沼泽地区。经消化道感染，在小肠（十二指肠）

里繁殖，产生β毒素，引起呈毒血症的发病症状。多发生于冬、春季，常呈地方性流行。

【症状】多发生于成年绵羊，尤以1～2岁的绵羊发病较多。病程短促，未见出现临床症状即突然死亡（图7-28）。病羊掉群，卧地，烦躁不安，机体衰弱，全身痉挛，在数小时内死亡。死亡是由于毒素侵害神经中枢的神经元所致。临床上常见羊快疫及羊猝狙的混合感染。发病急速，生前诊断较困难。如果羊死亡突然，死后又表现皱胃、十二指肠及空肠黏膜严重充血、糜烂，溃疡等处有急性炎症，肠内容物存在多量小气泡；肝脏肿大而色淡；胸腔、腹腔、心包有积液，暴露空气中可形成纤维蛋白样凝结物，则可怀疑是本病，确认需要微生物学和毒素检验。

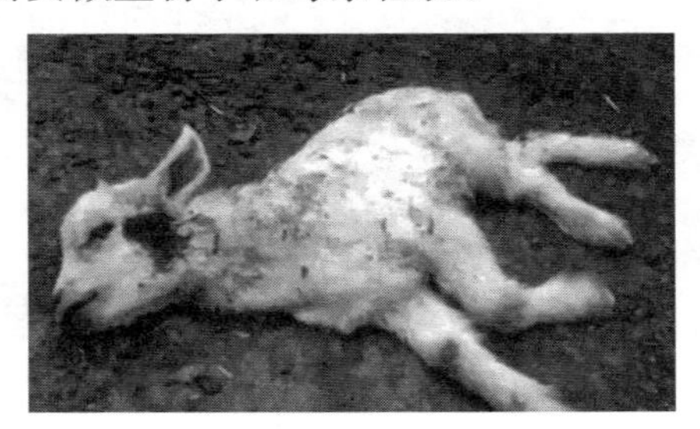

图7-28　羊猝狙症状

【病理变化】病变主要发生在消化道和循环系统，十二指肠和空肠黏膜严重充血，糜烂，也可在不同肠段出现大小不等的溃疡。在细菌和毒素的作用下，血管通透性增加，浆膜上有点状出血。病羊死后胸腔、腹腔和心包腔有大量积液，积液可形成纤维素絮块。死后8小时，骨骼肌间隙积聚血样液体，肌肉出血，有气性裂孔。本病应与黑腿病区别。黑腿病亦称气肿疽，病原为气肿疽梭菌，病羊多因创伤感染，病变部位肿胀。

【防治措施】本病防治措施可参照羊快疫与羊肠毒血症。

（十四）羊黑疫

羊黑疫亦称传染性坏死性肝炎，是由B型诺魏氏梭菌引起的绵羊、山羊的一种急性高度致死性毒血症，以肝实质的坏死病灶为特征。

【病原及其流行特征】 病原B型诺魏氏梭菌为梭状芽孢杆菌属，广泛存在于自然界中。本病可使1岁以上的绵羊感染，并且常以肥胖的2～4岁绵羊发病最多。本病主要在夏季发生于肝片吸虫流行的湿凹地区，当羊采食被B型诺魏氏梭菌污染的饲料后，细菌随牧草进入胃肠道，通过胃肠壁进入肝脏，以芽孢形式潜伏于肝脏中。当未成熟的游走肝片吸虫损伤肝细胞时，存在于该处的芽孢迅速繁殖，产生毒素，进入血液循环，发生毒血症，进而损害羊的神经和其他器官，导致羊因急性休克而死亡（图7-29）。

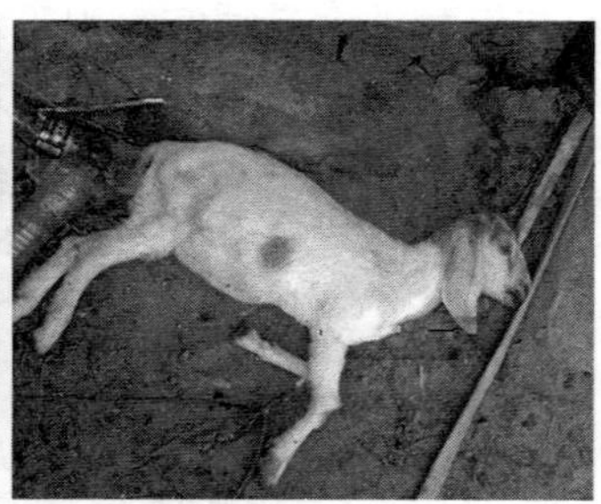

图7-29　羊黑疫症状

【症状】 病羊突然死亡，少数病例病程可拖延1～2天。胸部皮下组织水肿。胸腔、腹腔、心包腔积液，左心室心内膜有点状出血。皱胃幽门部和小肠黏膜充血，出血明显。肝脏充血、肿胀，有数目不等的灰黄色坏死灶，呈不整齐的圆形，周边有一条鲜红色的充血带，直径2～3厘米，切开肝脏病灶可深入到肝实质，呈半月形。肝脏的这种坏死变化特征具有诊断意义。

【防治措施】

1. 预防　预防此病的重要措施是控制肝片吸虫感染。用羊厌氧菌五联苗（羊快疫、羊肠毒血症、羊猝狙、羔羊痢疾、羊黑疫）5毫升，肌内注射，免疫期可达1年。

2. 治疗　发病时对病羊可用抗维诺氏梭菌血清（每毫升含7 500单位）治疗。

羊快疫、羊肠毒血症、羊猝狙、羊黑疫、炭疽的鉴别要点见表7－1。

表7－1 羊快疫、羊肠毒血症、羊猝狙、羊黑疫、炭疽的鉴别要点表

鉴别要点	羊快疫	羊肠毒血症	羊猝狙	羊黑疫	炭疽
发病年龄	6～18月龄羊多发	3～12月龄羊多发	成年羊，1～2岁者多发	成年羊，2～4岁者多发	成年羊多发
营养状况	膘情好	膘情好	膘情好	膘情好	营养不良
发病季节	秋、冬、早春	牧区春、夏季之交，秋季；农区夏收、秋收季	冬、春季	春、夏季	夏、秋季多发
发病诱因	多见于潮湿、气候剧变、阴雨季	羊吃了过多谷类或青草，高蛋白质精饲料	多见于阴洼、潮湿地区	多见于阴洼、潮湿地区	气温高，雨水多，有吸血昆虫
皱胃出血性炎症	弥漫性或斑块状	无显著特征	轻微	无显著特征	较显著，有小点状
小肠溃疡性症			有		
肝脏凝固性坏死				有	
肌肉气肿、出血			死后8h内出现		
肾脏软化		死亡时间久者多见			一般无
脾脏急肿大					
涂片染色检验	肝被膜下触片有无关节长丝状革兰氏阳性细菌	肾内具有D型魏氏梭菌，革兰氏阳性粗大杆菌	体腔渗出物和脾涂片有C型魏氏梭菌，革兰氏阳性	肝坏死灶涂片见两端圆、粗大的B型诺维氏梭菌，革兰氏阳性	竹节样两端齐短杆菌，革兰氏阳性

（十五）羔羊痢疾

羔羊痢疾是初生羔羊的一种急性毒血症，以剧烈腹泻和小肠发生溃疡为特征。本病常可使羔羊发生大批死亡，给养羊业带来重大损失。

【病原及其流行特征】本病病原为B型魏氏梭菌。魏氏梭菌可通过羔羊吮乳（或人工补奶）和粪便污染而进入羔羊的消化道。在寒冷、潮湿的季节，羔羊抵抗力降低时细菌便在小肠（特别是在回肠）中大量繁殖，产生毒素（主要是B毒素），引起羔羊发病。传染途径除经消化道外，也可通过脐和伤口。母羊妊娠期营养不良，春乏饥饿，体质消瘦，缺乏乳汁，或给羔羊人工补乳不定时、定量，奶温忽凉忽热都可诱发羔羊发病。

本病多危害7日龄以内的羔羊，又以刚出生2～3天内的羔羊发病率最高，7日龄以上很少见。纯种培育品种的羊适应性较差，发病率、死亡率都极高。本地羊相对较少。

【症状】羔羊患病后，精神萎靡，低头弓背，停奶不久发生腹泻。粪便恶臭，黏稠，像面糊，稀者又如水，颜色有黄绿色、黄白色，到了后期发展为血便。病羔逐渐虚弱，卧地不起，若不及时治疗常在1～2天内死亡，只有少数病轻者可能自愈。有的病羔腹胀而不下痢，或只排少量稀粪（也可能带血或呈血便，图7-30左）。病情严重者表现神经症状，四肢瘫痪，卧地不起（图7-30右），呼吸急促，口流白沫，最后昏迷，头向后仰，体温降至常温以下，若不加紧救治，则常在十几小时内死亡。

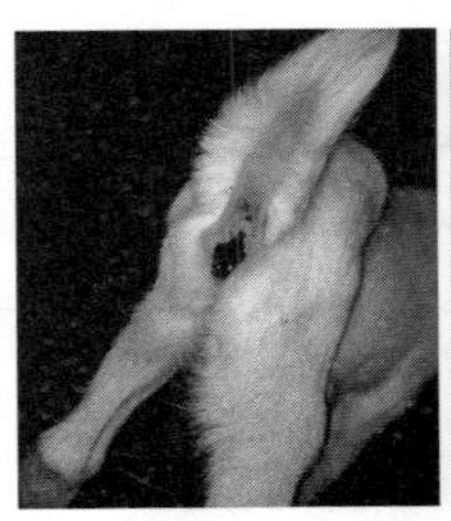
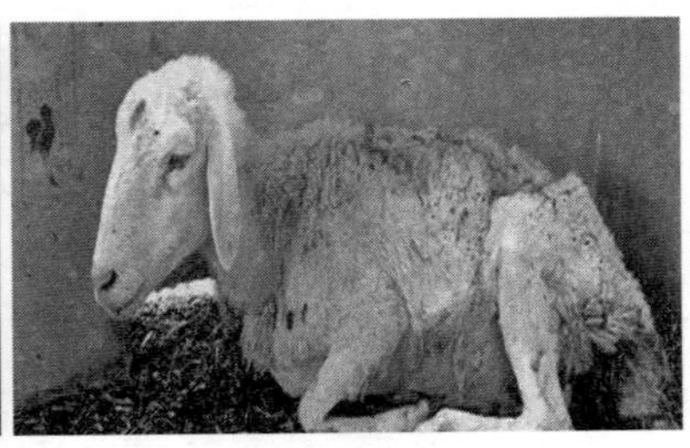

图7-30　羔羊痢疾

【病理变化】 死亡病羔最显著的病理变化是在消化道、皱胃内往往存有未完全消化的凝乳块，胃黏膜水肿、充血，有出血斑点。小肠黏膜充血、发红，有的有出血点，病程较长的还可能有溃疡，有的肠内容物呈血色。大肠的变化与小肠相似，但程度较轻，肠系膜淋巴结肿胀、充血，间或出血。肝常肿大而稍软，呈紫红色；心包积液，心内膜有时有出血点。肺常有充血区域或瘀斑。

【防治措施】 根据发病情况和病理变化可作出初步诊断，确诊须作病原分离，检测毒素。

1. 预防　本病发病因素复杂，只有综合防治才能收到较好的效果。应采取抓膘、补饲措施，加强母羊饲养管理，合理哺乳，严格消毒隔离，认真做好三联疫苗或五联疫苗的免疫接种。

2. 治疗　选用有效的抗生素药物，如土霉素、链霉素防治。

（十六）绵羊链球菌病

绵羊链球菌病是由羊溶血性链球菌引起的急性、热性、败血性传染病。临床上以下颌淋巴结肿大、咽喉肿胀（图 7－31）、各脏器出血、大叶性肺炎、胆囊肿大为特征。

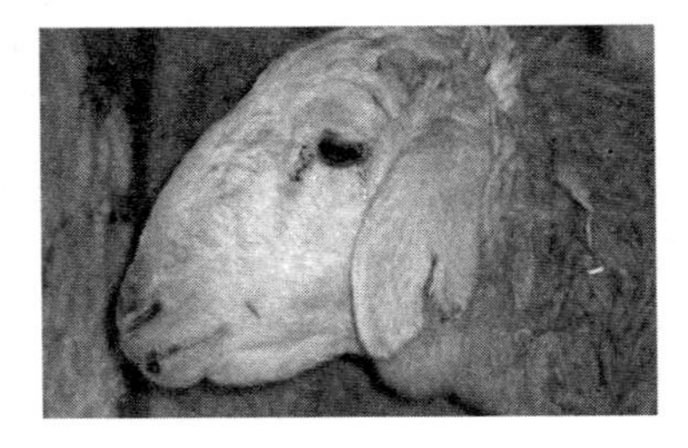

图 7－31　绵羊链球菌病症状

【病原及其流行特征】 羊溶血性链球菌为兼性需氧菌，在有氧和无氧环境中均可生长。本菌无运动性，不形成芽孢，革兰氏染色呈阳性。本菌可存在于病羊的各个器官组织中，而在鼻液、鼻腔、气管和肺中最多。病羊和带菌羊是绵羊链球菌病的主要传染源，自然感染主要在呼吸道，其次是皮肤创伤。新疫区多在冬、春季流行，常发区呈散发流行。

【症状】 病程最急性者 24 小时内可死亡，一般为 1～3 天，延至 5 天者少见。初期病羊体温升高达 41℃以上，精神不佳，拒食，反刍停止。眼结膜充血、流泪，流脓性分泌物。鼻腔分泌物为黏脓性。咽喉肿胀，下颌淋巴结肿大，口流泡沫状涎液，呼吸短促，50～60次/分钟，心跳达130次/分钟左右，便血。妊娠羊多有流产症状，亦见头部和乳房肿胀，临死前有磨牙、抽搐、惊厥等神经症状。

【病理变化】各脏器广泛出血。淋巴结肿大、出血。喉和气管黏膜出血。肺脏水肿和出血，并呈现实变区。胸、腹腔和心包积液，各脏器浆膜表面附有纤维蛋白性渗出物。心内外膜出血。肝肿大，呈泥土色，似煮熟样，表面有出血点。胆囊肿大2～4倍。肾脏变软，有贫血性梗塞区。浆膜、大网膜、肠系膜、胃肠黏膜肿胀和出血。膀胱内膜出血。

【防治措施】

1. 预防 应认真做好抓膘、保膘、防冻和避暑工作。在病区，要做好消毒工作。本病发生时，要做好封锁、隔离、消毒、检疫和疫情预报工作。严格消毒被病羊污染的场地，处理好粪便。预防免疫可用羊链球菌氢氧化铝甲醛菌苗接种。未发病者用青霉素注射也能起到良好的预防效果。

2. 治疗 可用抗生素和磺胺类药物。

（十七）羊口疮（传染性脓疱）

羊口疮，又名传染性脓疱性皮炎，是由传染性脓疱病毒引起的一种急性接触性人兽共患病，主要危害羔羊。其特征为口、唇等处黏膜和皮肤形成丘疹、脓疱、溃疡及疣状厚痂物（图7-32）。

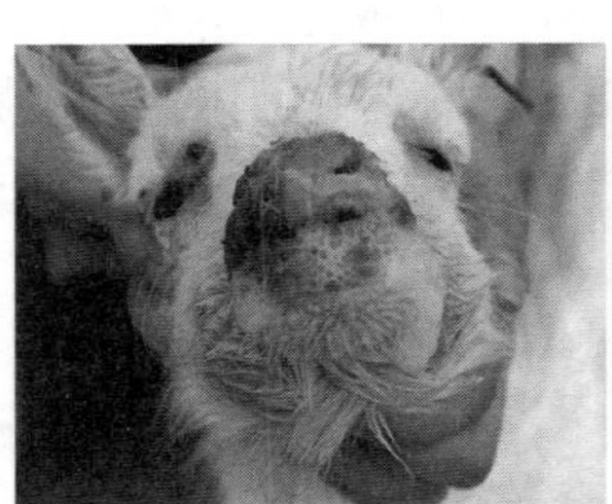
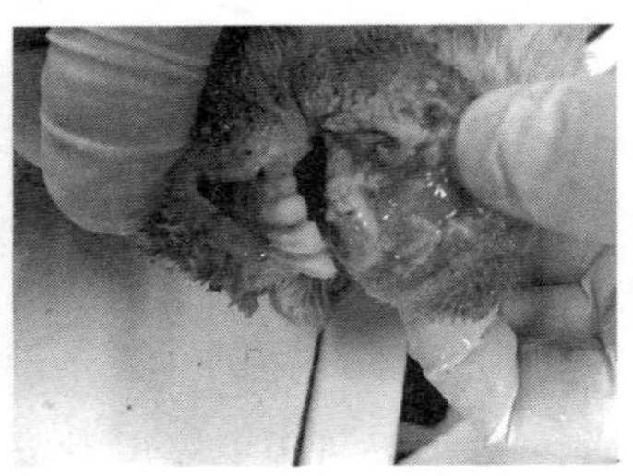

图7-32 病羊口疮症状

【病原及其流行特征】病原是一种传染性脓疱病毒，其又称羊口疮病毒，属于痘科病毒科副痘病毒属。本病多发于秋季，无性别和品种差异。该病毒的抵抗力很强。干燥病理材料在冰箱中可保持传染力达3年以上，若存在于羊群中则羊可多年连续发生本病。潮湿环境及羊消瘦抵抗力减弱为发病诱因。

【症状】潜伏期为4～7天，临床上分为三型，也偶见混合型。

1. 唇型　发生在各种年龄的绵羊羔及山羊羔，而以3～6月龄多发。一般在唇部、口角和鼻镜上出现散在的小红斑，很快形成大麻籽大小的小结节，继而成为水疱和脓疱，脓疱破溃后结成黄棕褐色的疣状硬痂，牢固地附着在真皮层形成红色乳头状增生物，这种痂块经10～14天脱落而痊愈。严重病例，由于不断产生的丘疹、水疱、脓疱痂垢互相融汇，因此在整个口唇周围及颜面、眼睑和耳廓皮部，可形成大面积且具有龟裂和易出血的污秽垢痂。痂下伴以肉芽组织增生，极大地影响羔羊采食。同时常有化脓菌和坏死杆菌等继发感染，引起深部组织的化脓和坏死。

口黏膜亦常受害，在唇内面、齿龈、颊、口黏膜、舌和软腭上，有被红晕所围绕的灰白色水疱，继之变成脓疱和烂斑或愈合而康复。当坏死杆菌激发感染时可发生深部组织坏死，有时甚至可见部分舌坏死、脱落。少数严重病例可继发肺炎而死亡。

2. 蹄型　几乎发生于绵羊，通常单独发生在1或4个蹄叉、蹄冠和系部皮肤上，出现痘样湿疹。从丘疹到扁平水疱脓疱，直至破裂后形成溃疡。继发感染成为腐蹄病。严重者会衰弱而死。

3. 外阴型（本型一般少见）　在公羊，阴鞘肿胀，阴鞘口及阴茎上发生小脓疱和溃疡。在母羊，有黏性或脓性阴道分泌物。阴唇及其附近皮肤肿胀并有溃疡。乳房和乳头皮肤上或者同时或者单独（多系病羔吮乳时有传染）发生疱疹、烂斑和痂块。

【防治措施】

1. 预防　病羊（包括潜伏期及痊愈后数周的羊只）是主要的传染来源，病毒主要从病变部渗出液体而排毒。因此，预防本病应从下列几方面着手：①加强饲养管理，保护黏膜、皮肤不受损伤。

②严禁从疫区引进羊只和购买畜产品，做好引进羊群的检疫消毒工作。③发病时做好环境的消毒工作，特别注意羊舍、管理用具、病羊体表和蹄部的消毒（消毒剂的使用可参照羊痘）。④在本病流行地区，可用羊口疮弱毒疫苗进行免疫接种（所用疫苗株型应与当地流行毒株相同）。⑤用本场病羊病料作触染性、脓疱性皮炎活菌划线接种免疫。

2. 治疗 对患口疮的羊用强力消毒灵消毒剂，按1∶300比例溶液喷洗口腔，每天1次，连用3天。另外，还可用0.75%聚乙烯吡酮碘溶液涂擦患部，每天1次，连用3天。注意病羊应在隔离的情况下进行治疗。

（十八）蓝舌病

蓝舌病是羊的一种病毒性传染病，主要见于绵羊。患病羊主要表现为发热，消瘦，白细胞减少，口、唇、鼻（图7－33）和胃黏膜发生溃疡性炎症变化，以蹄冠炎和心肌炎等为特征。病羊长期发育不良，并可能死亡，胎儿出现畸形，羊毛损坏，往往造成很大的经济损失。

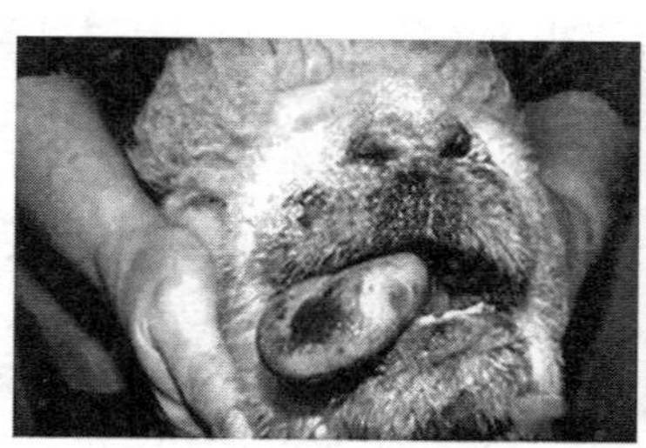
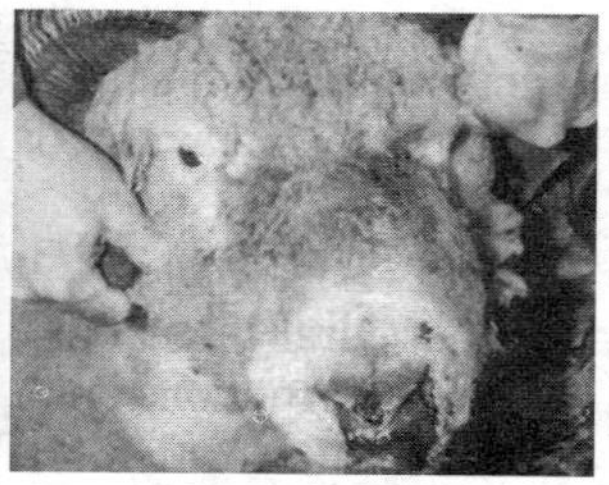

图7－33 患蓝舌病病羊症状

【病原及其流行特征】本病病原蓝舌病病毒，属呼肠孤病毒科，环状病毒属。为一种双股RNA病毒，呈20面体对称。病毒颗粒能在宿主细胞的胞浆里繁殖，病毒非常稳定。病羊是主要病原通过库蠓传播。绵羊感染不分品种、性别和年龄，以1岁左右的绵羊最易感，哺乳期羔羊有一定的抵抗力。本病的发生具有严格的季节性。

【症状】本病潜伏期为3～8天。初期病羊体温升高达40.5～41.5℃，并稽留2～3天。常常在体温升高后不久；表现为厌食、精神沉郁、掉群。上唇肿胀，并延至面、耳部，口流涎，舌及口腔黏膜充血，呈青紫状。随即唇、齿龈、颊、舌黏膜糜烂，吞咽困难。口腔黏膜受溃疡损伤，局部渗出血液，唾液呈红色。继发感染后可引起局部组织坏死，口腔恶臭。鼻流黏脓性分泌物，结痂后阻塞空气流通，可致呼吸困难和鼻鼾声。蹄冠和蹄叶发炎，表现跛行、膝行，卧地不动。病羊消瘦、衰弱、便秘或腹泻，有时下痢带血。早期出现白细胞减少症。病程一般为6～14天，至6～8周后蹄部病变可恢复。发病率为30%～40%，病死率为2%～3%，高者达90%，多并发肺炎和胃肠炎而死亡。妊娠4～8周的母羊感染后其分娩的羔羊中约有20%出现发育缺陷或畸形，如脑积水、小脑发育不足、脑回增多等。

【病理变化】口腔出现糜烂和深红色区，舌、齿龈、硬腭、颊部黏膜发生水肿。绵羊的舌发绀，如蓝舌状。瘤胃有暗红色区，表面上皮形成空泡性病变和凋亡。真皮充血、出血和水肿。肌肉出血，肌间有浆液和胶冻样浸润。重者皮肤毛囊周围出血，并有湿疹变化。蹄冠出现红点或红线，深层充血、出血。心内外膜、心肌、呼吸道和泌尿道黏膜有点状的小出血点。

【防治措施】

1. 预防　①应做好牧场的排水和灭蠓工作，坚持羊群药浴、驱虫，加强饲养管理。②流行区每年接种疫苗。

2. 治疗　主要有：①防止化脓感染可选用0.1%高锰酸钾溶液或用3%硼酸溶液冲洗口腔、鼻腔，涂擦碘甘油，亦可用青黛散（青黛、黄檗各60克，石膏、滑石各120克，研细为末，加花生油调和）涂擦口腔。②选用3%来苏尔溶液冲洗蹄部或用3%硫酸铜溶液浸泡。③病蹄被清洗后再涂擦复方朴粉（硼酸10克，氧化锌、滑石各40克，炉甘石粉10克混合均匀，研细末状），涂擦患处。④全身治疗可应用抗生素类药物预防。严重病例可补液，消除自体中毒，强心利尿，提高免疫力。

二、常见寄生虫生病及其防控技术

（一）肝片吸虫病

羊肝片吸虫病俗称“羊肝蛭”，是养羊业中广泛存在而且危害较大的一种寄生虫病。肝片吸虫寄生的主要部位是羊的肝脏和胆管内，导致羊表现慢性或急性肝实质和胆管发炎、肝硬化，并伴发全身性中毒现象，出现营养代谢障碍，严重时可引起羊的大批死亡。

【病原及其流行特征】肝片吸虫病系由肝片吸虫和大片形吸虫感染羊引起的，肝片吸虫长 20～35 毫米，宽 5～13 毫米。大片形吸虫长 33～76 毫米，宽5～12 毫米，虫卵金黄色，呈椭圆形，一端有卵盖。成虫寄生于羊的肝脏、胆管和胆囊中，虫卵可随胆汁排入消化道，进而被排至体外。卵在水中孵出毛蚴后，钻入椎实螺体内（中间宿主）发育成尾蚴，尾蚴离开螺体，随处飘游，附着在水草上，变成囊蚴，羊吞食含有囊蚴的水草后被感染。囊蚴进入羊的消化道，在十二指肠内形成童虫脱囊而出，穿过肠壁，进入腹腔，经肝包膜至肝实质，童虫再进入胆管，发育成成虫。

本病呈地方流行性，中间宿主为椎实螺。每年夏、秋的雨季，是肝片吸虫幼虫生长活跃和羊感染多发的季节，在我国北方 8—9 月、南方 9—11 月感染最为严重。

【症状】绵羊最敏感，发病后的死亡率也最高。患羊常发生胆囊炎。临床常见急性型，多发生在夏末和秋季。严重感染者体温升高、废食、腹胀、腹泻、贫血，几日内可死亡。慢性型多发生消瘦，黏膜苍白，贫血，被毛粗乱，眼睑、下颌（图 7－34）、腹下出现水肿。一般经 1～2 个月后，发展成恶病质，病羊迅速死亡。亦见拖到次年春季，饲养条件改善后逐步恢复，形成带虫者。

【病理变化】肝脏肿大，质硬，颜色变浅。胆管扩张，管壁变厚，胆管内充满黏稠的胆汁和虫体。组织学变化见慢性实质性肝炎病变，肝胆管上皮组织坏死、糜烂，致部分肝小叶萎缩。

图 7-34　肝片吸虫病症状

【防治措施】

1. 预防　消灭中间宿主椎实螺是预防本病的重要措施；改善羊饮水和饲草卫生，到无椎实螺生长的牧场放牧，让羊饮用流动的河水，以防感染。

2. 治疗　阿苯咪唑，可按每千克体重 20 毫克，1 次灌服。硝氯酚，每千克体重 4～6 毫克，1 次灌服。苯硫酚咪唑，每千克体重 15 毫克，1 次灌服。肝蛭净，每千克体重 10 毫克，1 次灌服。5%氯氰碘柳胺钠，每千克体重5～10毫升，皮下或肌内注射。

（二）阔盘吸虫病

图 7-35　患阔盘吸虫病的羊

羊阔盘吸虫病亦称羊胰吸虫病，主要是由双腔科、阔盘属的寄生虫寄生于羊的胰管所致，偶尔亦可寄生于胆管和十二指肠。主要引起羊消化不良、消瘦、贫血、水肿、下痢，严重时可引起死亡（图 7-35）。

【病原及其流行特征】阔盘吸虫在我国有 3 种：胰阔盘吸虫、腔阔盘吸虫和支睾阔盘吸虫。胰阔盘吸虫虫体为棕红色，呈扁平状，长 8～16 毫米，宽5～5.8 毫米；虫卵呈黄棕色或深褐色，椭圆形，两侧稍不对称，一端有卵盖。腔阔盘吸虫呈短椭圆形，后端具有尾突，长 7.48～8.05 毫米，宽 2.73～4.76 毫米，卵大小（34～47）微米×（26～36）微米。支睾阔盘吸虫呈瓜子形，长 4.49～7.9 毫米，宽 2.17～3.07 毫米，卵大小（45～52）微米×（30～34）微米。羊阔盘吸虫病是由上述 3 种虫引起的。

成虫寄生于羊的胰管中。成熟的卵排出体外被蜗牛（第一宿主）吞吃后进入体内经母胞蚴、子胞蚴发育阶段，第二代胞蚴呈囊状。在尾蚴的发育过程中，子胞蚴向蜗牛气室内移行并从气孔排出，附着在草地上，形成圆囊，内含尾蚴。第二中间宿主（红脊螽斯、尖头冬螽斯和针蟋）吞食尾蚴的子胞蚴后，子胞蚴在螽斯体内发育成为囊蚴。羊采食了含有囊蚴的螽斯而受感染。腔阔盘吸虫和支睾阔盘吸虫的发育与胰阔盘吸虫相似。

【症状】虫体寄生可引起患羊胰管阻塞和炎症变化，当侵害严重时可使胰功能失常，导致羊只出现消化障碍，营养不良，下痢，贫血，水肿，甚至死亡。

【病理变化】在胰脏、胰管可发现虫体，并见有慢性增生性炎症、充血、水肿等变化。实验室诊断在病羊粪便中可找到虫卵，剖检时发现虫体即可确诊。

【防治措施】

1. 预防　预防本病的有效办法是消灭中间宿主蜗牛。

2. 治疗　可用六氯对二甲苯（血防 846），每千克体重 0.3～0.5 克，1 次灌服，隔日 1 次，连用 3 次。吡喹酮，每千克体重 60～70 毫克，1 次灌服。

（三）双腔吸虫病

双腔吸虫病亦称歧腔吸虫病，是由多种歧腔吸虫寄生于羊的肝脏、胆管和胆囊所致。严重感染时，病羊消化不良，腹泻，黄疸，逐渐消瘦，下颌水肿，甚至衰竭而死。在各流行区羊感染本病的概率高达 70％以上。

【病原及其流行特征】双腔吸虫病是由矛形双腔吸虫引起的一种吸虫病。虫体为棕红色，体扁平而透明，呈柳叶状，长5～15毫米，宽1.5～2.5毫米。卵为暗褐色，大小为（38～45）微米×（22～30）微米，卵内含有毛蚴。

虫体寄生于羊的胆管和胆囊中。虫体在发育过程中，需要两个中间宿主。虫卵被螺蛳（第一中间宿主）吞吃后，毛蚴从卵内孵出，从螺的消化道移到肝脏内，经母胞蚴及子胞蚴的发育而产生尾蚴。尾蚴在螺蛳的呼吸腔又形成尾蚴囊，其后被黏性物质包囊，形成黏液球，雨后通过螺蛳呼吸孔而排出体外，附在植物上。这一过程需82～150天方能完成。黏液球被蚂蚁（第二中间宿主）吞吃后，在蚂蚁体内形成囊蚴。羊吃了含有囊蚴的蚂蚁而受感染。囊蚴在羊的肠道脱囊而出，经十二指肠到达胆管内寄生。

本病呈地方性流行。特别是在干燥的高山牧场的灌木丛及高原的阳坡地带，草原地区的沼泽、苔草地段，山间和河谷滩地。本病的发生具有明显的季节性，羊常在夏、秋季感染。

【症状】病羊食欲减少，出现慢性消化不良，精神沉郁，消瘦，腹泻，眼结膜橘黄，下颌水肿，叩诊则肝区疼痛。

【病理变化】肝脏表面凹凸不平，体积增大，变硬，被膜增厚，小叶萎缩。镜检胆管充血，壁增厚，胆管及周围结缔组织增生，形成瘤状隆起。

【诊断】检查粪便中的虫卵，采集肝脏和胆管检查虫体。

【防治措施】

1. 预防　重点工作是消灭中间宿主。在严重流行地区的牧场，可用氯化钾灭螺，每平方米用20～25克杀螺。

2. 治疗　可用海涛林每千克体重40～60毫克，灌服或行瘤胃注射；吸虫灵，每千克体重0.2～0.4克制成悬浮液，1次灌服。亦可选用丙酸哌嗪，按说明书操作。

（四）前后盘吸虫病

前后盘吸虫病是由多种同盘吸虫寄生所致。成虫寄生于羊的瘤胃和网胃壁上，危害较轻；而童虫移行寄生于真胃和小肠黏膜下，并可进入胆囊和胆管，危害严重。常引起羊贫血，颌下水肿，体温升高，后期因季度衰弱而死亡（图 7－36）。

图 7－36　患前后盘吸虫病的羊

【病原及其流行特征】本病是由前后盘科的前后盘属、殖盘属、卡妙属、腹袋属、菲策属等多属前后盘吸虫引起的。

1. 前后盘属　虫体呈梨形，粉红色，长 5～13 毫米，宽 2～5 毫米。虫卵呈椭圆形，淡灰色，大小为（114～176）微米×（73～100）微米。

2. 殖盘属　虫体呈圆锥形，白色，长 9.6～11.6 毫米，宽 3.23～3.6 毫米。虫卵呈椭圆形，淡灰色，大小为（138～142）微米×（66～74）微米。

3. 卡妙属　虫体呈圆筒形，深红色，前端稍小，后端钝圆，长 15.4～16.9 毫米，宽 5.8～6.2 毫米，虫卵大小为（124～128）毫米×（64～68）毫米。

4. 腹袋属　虫体呈圆柱形，深红色，长 11.5～12.5 毫米，宽 5.1～5.4 毫米，虫卵大小为（116～125）微米×（60～70）微米。

5. 菲策属　虫体呈圆筒形，深红色，长 9.6～23.2 毫米，宽 2.8～4.8 毫米，虫卵大小为（118～132）微米×（66～72）微米。

本病中间宿主为淡水螺，广泛存在于沟塘、小溪、湖沼、水田、低洼湿地等。主要发生于夏、秋季的南方各省。

成虫寄生于羊（终末宿主）的瘤胃和网胃壁上产卵，卵进入肠

道随粪便排出体外，在水中孵化出毛蚴后，毛蚴从卵内进入水中遇到淡水螺（中间宿主）再钻入其体内，经育成胞蚴、雷蚴和尾蚴。尾蚴具有前后吸盘及一对眼点。尾蚴离开螺体后，附着在水草上形成囊蚴。羊吞食附着囊蚴的水草而被感染。黏膜下童虫从囊内游离出来，附着在瘤胃黏膜之前，现在小肠、胆管、胆囊和真胃内移行，寄生 3～8 周，最后到达瘤胃发育成成虫。

【症状】感染严重的病羊精神不振，食欲减弱，反刍减少，消化紊乱，消瘦而贫血，眼结膜苍白并黄染，呈顽固性腹泻，下颌及胸前皮下水肿。不愿运动，喜卧地，有时见腹痛。当虫体进入肺脏时表现为异物性肺炎，而致羊死亡。

【病理变化】在病羊瘤胃黏膜可见成虫附着，在网胃、皱胃、肠道、胆管及胆囊腔寄生幼虫。胃肠黏膜水肿，充血，出血或形成溃疡。胆管发炎。血液稀释呈洗肉水样。

【诊断】新鲜粪便涂片可检出虫卵。

【防治措施】

1. 预防　消灭中间宿主淡水螺，并定期驱虫，堆粪杀灭虫卵，不在染虫地放牧。

2. 治疗　溴羟替苯胺，每千克体重 65 毫克，制成悬浮液灌服，可进行驱虫。

（五）血吸虫病

血吸虫病是分体属的各种吸虫寄生于人和动物的静脉、肠系膜静脉或骨盆腔静脉内引起的一组寄生虫病的总称，又称血吸虫病，是一种重要的人兽共患寄生虫病。本病分布于我国长江流域 13 个省、自治州、直辖市内。

【病原及其流行特征】在我国本病主要是由日本分体吸虫寄生于羊的门静脉和肠系膜静脉内引起的寄生虫病。雄虫长 10～20 毫米，宽 0.5～0.55 毫米，呈暗褐色；雌虫长 15～26 毫米，宽 0.3 毫米，呈暗褐色。雄虫粗短，雌虫细长，雌雄常呈合抱状态。虫卵呈椭圆形或接近圆形，大小为（70～100）微米×（50～65）微米，淡黄色。卵壳较薄，无盖。在卵壳的上侧方有一个小刺，卵内含有一个活的毛蚴。人及其他哺乳动物也可感染。中间宿主为湖北钉螺、台湾钉螺。

寄生于羊肠系膜静脉的成虫及虫卵，从血管壁到肠壁，随粪便排出，落入水中，孵化出毛蚴，毛蚴侵入螺体（中间宿主）变成胞蚴，胞蚴在螺体形成尾蚴。尾蚴侵入羊、牛或人的皮肤后随血液流到心脏和肺脏，进入体循环，经主动脉再进入肠系膜动脉，通过毛细血管到达肠系膜静脉。成虫亦可寄生于肝脏。

【症状】有急性型和慢性型之分，以慢性型为常见。急性型体温升高达 40℃以上，食欲不振，精神沉郁，行动迟缓，站立困难，贫血，消瘦，腹泻，甚至衰竭死亡。慢性型表现为消化障碍，极度消瘦，腹泻反复发生，脱毛，母羊发生不孕或流产。感染虫体的羊生长和发育受阻（图 7－37）。

图 7－37　患血吸虫病的羊

【病理变化】可引起肝脏和肠壁等组织广泛炎症及溃疡，并形成虫卵肉芽肿，肝脏肿大、硬化。

【诊断】依据症状和流行病学资料可作诊断。确诊仍须进行粪便或直肠黏膜活体组织虫卵检查，亦可应用多种免疫学诊断法，如免疫电泳荧光抗体及酶联免疫吸附试验等。

【防治措施】

1. 预防　应定期驱虫，消灭感染源；不在有钉螺的地方放牧，管好粪便不污染水源；应用杀螺剂消灭中间宿主钉螺。

2. 治疗　硝硫氰胺（又称 7505），按每千克体重 4 毫克，配成 2%水溶液，静脉注射（对 25～30 千克体重的羊有效）。吡喹酮按每千克体重 60～80 毫克，分 2 次灌服。酒石酸锑钾按每千克体重 5 毫克，用 2%葡萄糖溶液配成 1%的溶液，1 次静脉注射。

（六）棘球蚴病

棘球蚴病是由棘球属数种棘球绦虫的幼虫——棘球蚴寄生于牛、羊、猪、人的肝、肺及其他脏器内所引起的一种寄生虫病，又称包虫病。棘球蚴可寄生于人、畜体的任何部位，体积大，生长力强，不仅可压迫周围组织，引起萎缩和功能障碍，而且还可造成继发性感染。如果蚴囊破裂，则可引起过敏感应，甚至死亡。本病在我国的分布极其广泛。

【病原及其流行特征】本病以绵羊受害最严重。成虫寄生在犬、狼、狐狸等终末宿主的小肠内。棘球蚴的形状是多种多样的泡状囊，囊液为透明的无色或微黄色。小的虫体如黄豆大，大的虫体直径可达50厘米。一般分为多房型和单房型两种。依据棘球蚴的形状结构又把单房型分为三类，即人型、兽型和无头型。兽型在绵羊体内最常见。成虫阶段的细粒棘球绦虫，长2～6毫米，由1个头节和3～4个节片组成。

虫卵直径为30～36微米，内有六钩蚴。成虫寄生在终末宿主的小肠中，随粪便污染水源、饲料，如被羊（中间宿主）吞入，则卵内的六钩蚴即在消化道孵出，钻入肠壁，随血流循环到达肝脏，亦可进入肺及其他脏器发育成棘球蚴。

【症状】轻度感染病羊无明显症状，如棘球蚴侵占肺部会引起呼吸困难和微弱咳嗽。听诊肺部病区、病灶下无呼吸音或呼吸音减弱，叩诊为半浊音、浊音。棘球蚴破裂则全身症状恶化，甚者引起窒息而死亡。肝脏感染严重时，叩诊肝浊音区扩大，触诊浊音区病羊表现疼痛，肝界扩大。病羊咳嗽，反刍无力，瘤胃臌气，营养失调，体质消瘦，乃至衰竭。绵羊对本病敏感，死亡率高。

【预防措施】治疗本病尚缺乏有效药物。预防本病的发生，主要对犬采取以下措施：

1. 不给犬饲喂已受感染病羊的脏器，销毁已被感染的牛、羊脏器。

2. 给犬定期驱虫，可用氢溴酸槟榔碱，按每千克体重 2～3 毫克灌服。氯硝柳胺，每千克体重 100～150 毫克，灌服。吡喹酮每千克体重 75 毫克，灌服，连用 3 次。喂药前将犬拴住，清理犬粪，防止扩散。

（七）脑多头蚴病

脑多头蚴病是多头绦虫幼虫寄生于羊等的脑或脊髓中所引起的一种寄生虫病，人兽都可感染，多呈地方性流行并可致羊死亡，是危害羔羊的主要寄生虫病（图 7－38）。

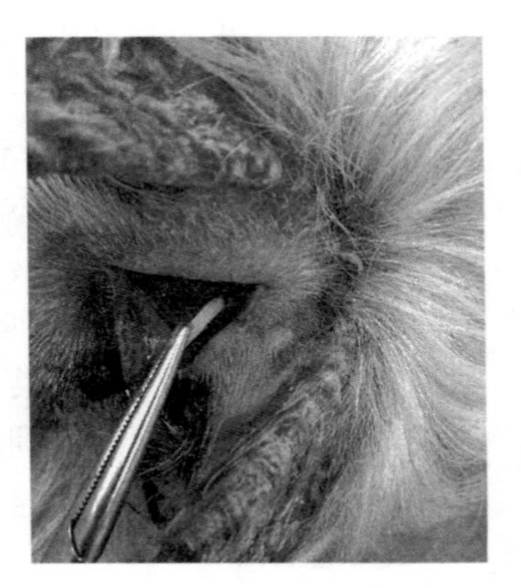

图 7－38　患脑多头蚴病症状

【病原及其流行特征】多头绦虫是寄生于羊等动物的脑和脊髓中的一种寄生虫病，人亦可感染。脑多头蚴的成虫是寄生于犬小肠的多头绦虫。原头蚴直径为 2～3 毫米，数目 100～250 个。中绦期为多头蚴，呈囊泡状，囊体由豌豆大到鸡蛋大，囊内充满透明的液体，囊内膜附有许多原头蚴。

多头绦虫寄生于犬、狼、狐狸（终末宿主）的小肠内，孕节片脱落后随粪便排出体外，节片与虫卵散布于草场，污染饲草料、饮水，被羊只（中间宿主）吞食后进入胃肠道。

【症状】多头蚴寄生于羊脑及脊髓部，引起脑膜炎，表现为病羊采食草料减少，流涎，磨牙，垂头呆立，特意做转圈运动等。大群放牧时离群掉队。体质逐渐消瘦，卧地不起，最终因衰竭而致死亡。

发病前期，羔羊多表现急性型，体温升高，脉搏加快，呼吸次数增加，呈现回旋、前冲、退后运动等，似有兴奋表现。感染后期，在 2～6 个月多头蚴发育至一定大小时病羊呈慢性症状，典型症状随虫体寄生部位不同而特意转圈的方向和姿势不尽相同。虫体

寄生在大脑半球表面的概率最大，典型症状为做转圈运动，其转动方向多向寄生部一侧转动，病部受压迫往往使对侧视力发生障碍以致失明，病部头骨叩诊呈浊音，局部皮肤隆起，压痛，软化，对声音刺激的反应很弱。寄生于大脑正前部时病羊头下垂，向前做直线运动，碰到障碍物时头顶住障碍物并呆立。寄生于大脑后部时病羊仰头或作后退状，直到跌倒并卧地不起。寄生于小脑时病羊知觉敏感，易惊恐，运动丧失平衡，痉挛，易跌倒。寄生于腰部脊髓时病羊步态不稳，转弯时最明显，后肢麻痹，小便失禁。

【防治措施】

1. 预防　对牧羊犬进行定期驱虫，粪便进行无害化处理，对野犬、狼、狐等终末宿主应予捕杀，防止犬食入含脑多头蚴的羊，犬可用吡喹酮或阿苯达唑等进行驱虫防治。

2. 治疗　治疗目前尚无有效药物。在流行区依据临床症状、病史、头部触诊综合判定，应用B超或多普勒仪探查确定寄生部位，对脑前部寄生于浅表的虫体可施外科手术摘除。

（八）莫尼茨绦虫

莫尼茨绦虫是莫尼茨属绦虫寄生于羊的小肠所引起的羊的寄生虫病，主要危害羔羊，大量感染时可死亡。

【病原及其流行特征】本病病原为扩展莫尼茨绦虫和贝氏莫尼茨绦虫。扩展莫尼茨绦虫链体长1～5m，最宽处约16毫米，呈乳白色。卵形不一，有三角形、方形或圆形，直径50～60微米，卵内有一个含有六钩蚴的梨形器。贝氏莫尼茨绦虫体链长6m，最宽处约26毫米。卵与扩展莫尼茨绦虫虫卵不易区别。此外，曲子宫绦虫和无卵黄腺绦虫也可引起发病。

成虫寄生于羊的小肠内。成虫脱掉的孕节或虫卵随宿主、粪便排到外界中，虫卵散播，被地螨（中间寄生）吞食，六钩蚴在消化道内孵出，穿过肠壁，进入血腔，发展为似囊尾蚴，成熟的似囊尾蚴开始有感染性。羊只采食将含有似囊尾蚴的地螨时，地螨即被消化而释放出似囊尾蚴，似囊尾蚴立即吸附于肠壁上，在小肠发育为成虫。1.5～7.5月龄的羔羊易感染莫尼茨绦虫，随着年龄的增长而获得免疫性。

【症状】一般情况下，感染初期羔羊食欲降低，较为常见的是引发下痢。严重感染着，特别是伴有继发病时，病羊表现明显的临床症状，如食欲不振、下痢、消瘦、腹痛，粪便中带有白色的孕卵节片，可视黏膜苍白。发病末期，病羊常因衰弱而卧地不起，抽搐，头部向后仰或经常做咀嚼动作，口周围流有许多泡沫。

【防治措施】

1. 预防 在潮湿和地螨大量滋生的地区禁止放牧。粪便堆置后进行生物发酵，以杀死其中的虫卵。

2. 治疗 氯硝柳胺，按每千克体重70毫克投服。硫双二氯酚，每千克体重100毫克，加入面粉糊中灌服。1%硫酸铜溶液，成年绵羊80毫克，1次灌服。本病应隔2～3周再治疗一次。吡喹酮，按每千克体重30～50毫克，一次灌服。砷酸亚锡，每千克体重40毫克，1次灌服，对各种绦虫均有效果。

（九）血矛线虫病

血矛线虫病是由血矛线虫寄生于牛、羊等反刍动物的皱胃引起的一种寄生虫病。最常见种捻转血矛线虫的致病力最强，主要危害绵羊和山羊，患羊可发生严重贫血，下颌间隙和下腹部水肿，多逐渐衰弱而死。

【病原及其流行特征】捻转血矛线虫雄虫长15～19毫米，淡红色；雌虫长27～30毫米，因白色的生殖器官环绕于红色含血的肠道周围，因此形成了红白线条相间的外观。虫卵灰白色，椭圆形，内含胚细胞16～32个。

成虫寄生于皱胃，偶见小肠。虫卵随粪便排出体外，经过第一、二幼虫期，至第三期幼虫成为感染性幼虫。感染性幼虫被羊摄食后在瘤胃脱鞘，到达皱胃钻入黏膜的上皮突起之间，开始摄食，经第三次蜕皮形成第四期幼虫。感染后12天，虫体进入第五期，即内部各种器官发育起来。感染后18～21天宿主粪便中出现虫卵，

卵发育至感染性幼虫，并附着于青草上。血矛线虫在采食时被羊食入，进入皱胃发育成成虫。

【症状】 主要的特征性症状是患羊贫血和衰弱。急性型羔羊常突然死亡。病羊被毛粗乱、消瘦，放牧落群，卧地不起，下痢和便秘交替发生。下颌和下腹部水肿。可见黏膜苍白、贫血。转为慢性时症状不太明显，病程可长达7～8个月或1年以上。

【防治措施】 伊维菌素每千克体重200微克，1次灌服。或用阿维菌素注射剂作肌内注射。也可用左旋咪唑，每千克体重8毫克，1次灌服。

（十）痒螨病

痒螨病是痒螨属的螨寄生于羊体表而引起的寄生虫病，以皮疹和瘙痒为特征。常致患羊消瘦、脱毛。绵羊的痒螨病流行广泛，危害亦最大。

【病原及其流行特征】 本病是由蜱螨目痒螨科痒螨属引起的外寄生虫病。虫体呈椭圆形，长0.5～0.9毫米，肉眼可见，口器长，呈锥形。足较长，特别是前2对。虫卵灰白色，呈椭圆形。

痒螨终身寄生于羊体皮肤的表面，其体表温度与湿度对痒螨发育的影响很大，羊体质弱易被感染。痒螨表面角质坚韧，抵抗力强，离开宿主后的耐受力仍较强。通过用具可传播病原体，在冬季圈舍潮湿、羊只拥挤时更易被传染。羊体表皱襞处为螨潜伏的部位。病原经卵、幼虫、若虫和成虫4个发育阶段，终生在绵羊的皮肤表面、被毛稠密处和长毛处寄生，然后蔓延至绵羊的全身。

【症状】 病变先出现在长毛的部位，以后很快蔓延于体侧。病羊表现奇痒，常在槽柱、墙角擦痒，皮肤先有针尖大小的结节，继而形成水疱和脓疱，患部渗出液增加，皮肤表面湿润。其后有黄色结痂，皮肤变得厚而硬，可形成龟裂。毛束大批脱落，甚至全身脱光。贫血，高度营养障碍，在寒冬可因受冻而大批死亡。

【防治措施】

1. 预防　严格隔离病羊，接近病羊后要彻底消毒，更换衣物。

2. 治疗　治疗前应剪毛，除去污垢和痂皮。杀螨药物只能杀死成虫，不能杀死虫卵，因此治疗后间隔7天再治疗一次。夏季宜药浴，杀螨药剂有以下几种：

（1）滴滴涕乳剂（涂擦用）　第一溶液：滴滴涕1份与煤油9份溶剂；第二溶液：来苏儿1份与水19份溶剂。用时将第一、二溶液等量混匀，涂擦患部。

（2）二甲苯胺脒　喷雾用0.025％的溶液。药浴用12.5％的溶液，药浴前用250倍体积的水稀释，即二甲苯胺脒浓度为0.05％。

（3）林丹乳油　20％林丹乳油，可用于药浴和局部涂擦。药浴前宜给羊饮足水，防止羊喝药浴水。每只羊在水中应浸泡2～3分钟，头部亦应浸入药液中2～3次。药液减少时，同时加水加药，保持有效浓度，药浴后观察30分钟，方可离去放牧。药浴治疗用0.06％浓度。局部涂擦治疗时用0.06％～0.1％水乳液。

（十一）羊毛虱病

羊毛虱是寄生于羊体表的一类永久性寄生虫，食毛虱又称啮虱，属食毛目，咀嚼式口器向下伸，以毛羽及皮屑为食，寄生在兽类的称毛虱。

【病原及其流行特征】本病病原为羊毛虱。体扁平，呈灰白色或黑灰色，长1.5～5毫米，无翅，3对足较短，具有吸式口器，复眼退化或无，触角有3～5节。卵呈长椭圆形，附于羊毛上。毛虱寄生于羊皮肤表面，主要通过患羊与健康羊之间接触感染。卵孵化为若虫，若虫发育为成虫。雌虱交配后经2～3天产卵，产完卵即死亡，雄虱交配后即死亡。雌虱排的卵能分泌胶质，使卵牢牢地黏附在被毛上。虱全部生活史在羊体上度过。

【症状】虱分泌的唾液中有毒素存在，吸血时刺激神经末梢，致羊发痒，不安，影响羊采食和休息，皮肤上有小结节和溢血小点，感染形成坏死灶。局部发痒擦伤，化脓、脱皮、结痂。病羊消瘦，发育不良，影响健康。

【防治措施】

1. 预防　搞好圈舍卫生，勤打扫，勤换草，定期检查。

2. 治疗　冬季可用灭虱灵粉剂治疗。

三、常见普通病及其防控技术

（一）口炎

口炎是口腔黏膜及深层组织的炎症，主要以口腔流涎和黏膜潮红、肿胀为特征症状。病羊表现单纯口腔局部炎症或继发全身性感染反应。从病的发生可分为卡他性、水疱性、丘疹性、溃疡性、固膜性和蜂窝织炎性等。

【病因】原发性口炎常见于外伤和霉菌中毒。局部外伤如采食尖锐的植物枝杈、秸秆，舔食强酸、强碱等，并见于核黄素、维生素C、锌元素缺乏等。继发性口炎多见于羊传染性脓疱、口蹄疫、羊痘、霉菌性口炎、过敏性疾病和羔羊营养不良等。

【症状及诊断】病羊采食和咀嚼障碍是口炎的重要症状。在临床上，卡他性、水疱性、溃疡性炎症较为常见。病羊采食减少或停食，口腔黏膜上有大小不等的水疱，其中含有透明或黄色的液体。溃疡性口炎黏膜发生溃烂、坏死和溃疡，口臭，全身反应不明显。

患继发性口炎时，病羊体温升高及全身反应，口黏膜及上下嘴唇、口角处呈现水疱疹和出血干痂样坏死。发生口蹄疫时，除口黏膜发生水疱和烂斑外，趾间和皮肤也有类似病变。发生羊痘时，除口黏膜有典型的痘疹外，乳房、眼角、头部、腹下皮肤亦有痘疹。

患霉菌性口炎时，病羊多有采食发霉饲料的历史，除口腔黏膜发炎外，还表现下痢、黄疸等。

患过敏性口炎时，病羊多与突然采食或接触某种过敏原有关，除口腔有炎症变化外，在鼻腔、乳房、肘部和股部外侧等处有充血、溃烂、结痂等变化。

【防治措施】

1. 预防　重点在于合理调制饲料，防止羊误食刺激物和毒物。

对患传染性继发性口膜炎病羊，宜实施隔离、消毒、治疗原发病的措施。为了杜绝病原扩散，可用2%氢氧化钠溶液刷洗槽池。加强护理，给病羊饲喂青嫩或柔软的青干草。

2. 治疗 轻度口炎可用消炎、消毒、收敛等药物治疗，如用2%～3%碳酸氢钠溶液，或0.1%高锰酸钾溶液，亦可用2%食盐水冲洗。当发生糜烂并伴有渗出物时，可用1%的鞣酸蛋白溶液冲洗，其后用1∶9碘甘油或蜂蜜涂擦。有体温反应时，宜用抗生素及磺胺类药物治疗。中成药冰硼散、青黛散的疗效也显著。

（二）食道阻塞

食道阻塞是食道内被饲料或异物所堵塞而发生的以吞咽障碍为特征的疾病（图7-39）。

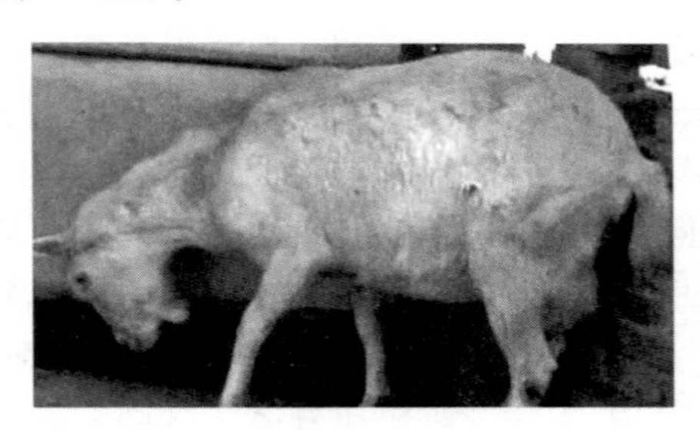

图7-39 病羊食道被阻塞

【病因】该病主要由于过大的块状饲料未经咀嚼而被羊吞咽，阻塞于食道的某一段而造成的。继发性食道阻塞，常见于食道麻痹、狭窄和扩张。

【症状及诊断】一般多突然发生。一旦阻塞，病羊停止采食，头、颈伸直，伴有吞咽和做呕动作。口腔流涎，骚动不安，或因异物吸入气管而引起咳嗽。当阻塞发生在颈部食道时，局部突起，形成肿块，手触可感觉到异物形状。当发生在胸部食道时，羊明显疼痛，可继发瘤胃鼓气。使用胃管探诊可确定阻塞物的部位。完全阻塞时，水及唾液不能通过食道，食物不能下咽。诊断时应注意与咽炎、急性瘤胃臌气、口腔疾病等相区别。当食道被阻塞时，异物被

吸入气管后可发生异物性气管炎和异物性肺炎。

【防治措施】

1. 预防　防止羊偷食未加工的块根饲料，补充羊生长素或在饲料中增添添加剂，防止羊出现异食癖，清理牧场、厩舍周围的异杂物。

2. 治疗

（1）吸取法　阻塞物为草料食团时可将羊保定，送入胃管，边用橡皮球吸水后注入胃管中，再吸出。反复冲洗阻塞物，直至食道畅通。

（2）胃管探送法　阻塞物在近贲门部时，可先将2%普鲁卡因溶液5毫升、石蜡油30毫升混合，用胃管送至阻塞物部位，然后再用硬质胃管推送阻塞物进入瘤胃。

（3）砸碎法　当表面圆滑的易碎阻塞物阻塞颈部食道时，将羊左侧卧平放于地面上，可在阻塞物两侧垫上布鞋底，将上侧固定，在上侧位于阻塞部位处用木槌猛击，使其破碎，进入瘤胃。治疗中若继发瘤胃鼓气，则可实施瘤胃放气术，以防止窒息。

（三）前胃迟缓

前胃迟缓多指瘤胃、网胃、皱胃的消化机能和活动机能减弱的综合反应。该病可能是一种单独的疾病，也可能是羊许多疾病的一种症状。临床特征为正常的反刍、嗳气发生紊乱，胃蠕动减弱或停止，可继发酸中毒。

【病因】有原发性和继发性两种。原发性病因：长期给羊饲喂难以消化的饲料，如秸秆、麦衣、黄芦苇等；精饲料过多、粗饲料不足，饲料品质不良，霉败、变质；突然更换饲料方式，长期饲喂单调而缺乏刺激性的饲草；矿物质元素和微量元素缺乏等。此种情况下，可继发于消化不良、瘤胃鼓气、瘤胃积食、瓣胃阻塞、肠胃炎等，以及其他内科、外科产科疾病。前胃迟缓与碱性土壤有关。胃肠道内环境改变，尤其是酸碱度的改变为该病的基本致病因素。

【症状及诊断】临床常见急性和慢性两种。

1. 急性 病羊食欲废绝，反刍停止，瘤胃蠕动减弱或停止。瘤胃内容物腐败，发酵后产生大量气体，左腹增大，触诊不坚实。

2. 慢性 病羊精神沉郁，怠倦无力，喜卧地，被毛粗乱。体温、呼吸、脉搏无变化，食欲减退，反刍缓慢，瘤胃蠕动力量减弱，次数减少。若采食有毒植物或刺激性饲料而引起发病，则瘤胃和真胃敏感性增加，触诊有疼痛反应，体温亦可升高。一般病例伴有肠胃炎，肠蠕动显著增加，下痢或与便秘交替发生。若为继发性前胃弛缓，则常伴有原发病的特征症状。因此，诊疗中必须鉴别诊断是原发性还是继发性。

【防治措施】

1. 预防 改善饲养管理，注意饲料品质，改善放牧环境，加强草场基本建设，制定科学的管理制度。如可采用饥饿疗法或禁食2～3次，然后供给易于消化的饲料等。

2. 治疗

（1）一般先投泻剂，以增强瘤胃蠕动，防腐止酵。成年羊可用硫酸镁 20～30 克或人工盐 20～30 克，加石蜡油 100～200 毫升、番木鳖酊 5 毫升、大黄酊 20 毫升、水 500 毫升，1 次灌服；或用胃肠活 2 包、陈皮酊 10 毫升、姜酊5 毫升、龙胆酊 10 毫升，加水 1 次灌服；或用 10%氯化钠 50 毫升、生理盐水 500 毫升、10%氯化钙 10 毫升，混合后 1 次静脉注射。

（2）用酵母粉 30 克、红糖 10 克、乙醇 20 毫升、陈皮酊 10 毫升混合加水适量，灌服。瘤胃兴奋剂，可用 3%硝酸毛果芸香碱 10～30 毫克，皮下注射（妊娠羊禁用）。防止酸中毒，可灌服碳酸氢钠 10～15 克。可用大蒜酊 20 毫升、龙胆末 10 克、豆蔻酊 10 毫升，加水适量，1 次灌服。

（3）酸性前胃弛缓可用碳酸钠 5 克、碳酸氢钠 42 克、氯化钠 10 克、氯化钾 14 克，加水 1 000 毫升，分 2 次灌服。

（4）碱性前胃弛缓可用醋酸钠 13 克、冰醋酸 3 毫升，加水 1 000毫升，分 2 次灌服。

（四）瘤胃臌气

瘤胃臌气是由于羊采食的大量易发酵饲料，迅速产生大量气体使瘤胃被气体胀满（图7-40），以瘤胃扩张、腹压升高、呼吸和血液循环障碍为特征。该病多发于春末、夏初放牧的羊群，往往绵羊较山羊多发。

图7-40　瘤胃臌气

【病因】 原发性多为羊吃了大量易于发酵的饲料，如幼嫩的紫花苜蓿、三叶草等而致病。此外，采食霜冻或霉败、变质的饲料，精饲料含量过多或豆类精饲料比例不当，冬、春两季给妊娠母羊补充精饲料，群羊抢食过量者而发病，常继发于瘤胃积食、肠毒血症、肠扭转、毛球阻塞等。

【症状及诊断】 急性瘤胃臌气初期，病羊表现不安，回头顾腹，弓背伸腰，肷窝突起，有时左肷突出高于髂节或中背线。反刍和嗳气停止。触诊腹部紧张增加，叩诊呈鼓音，听诊瘤胃蠕动音减弱。黏膜发绀，心率加快，呼吸困难，严重者张口呼吸，步态不稳，卧地不起。如不及时抢救，则病羊会迅速发生窒息或心脏麻痹而死亡。慢性瘤胃臌气常见于消化不良，或继发于其他疾病。

【治疗措施】 立即给羊停止饲喂易发酵的饲料，施行胃管放气，灌服药物防腐止酵，清理胃肠。首先可插入胃导管放气，以缓解腹压。可用5%碳酸氢钠溶液1 500毫升洗胃，以排出气体及胃内容物。再用石蜡油100毫升、鱼石脂2克、乙醇10毫升，加水适量，1次灌服；或用氧化镁30克，加水300毫升；或用8%的氧化镁悬浊液 100 毫升，灌服。

必要时可行瘤胃穿刺放气。首先在左肷部剪毛，消毒，然后用兽用 16 号针头刺破皮肤，插入瘤胃中放气。在放气中要用拇指紧紧按压腹壁，使腹壁紧贴瘤胃壁，边放气边下压，勿使针头脱出瘤胃壁，以防止胃液漏入腹腔引起腹膜炎。

（五）瘤胃积食

瘤胃积食系瘤胃内充满食物，使胃的容积增大，胃壁扩张（图 7－41），食糜停滞而引起的消化不良性疾病。该病临床特征为反刍、嗳气减少或停止，瘤胃坚实，瘤胃蠕动极弱或消失，网胃和瓣胃蠕动亦受到影响。腹痛多发于舍饲的羊。

图 7－41　瘤胃积食

【病因】该病主要见于羊贪吃了大量喜爱的饲料，如苜蓿、青草、豆科牧草；采食过量的粗饲料，如玉米秸秆、干草及霉败饲料等；或饮水不足等。多为原发性的食滞性瘤胃积食。

此外，因过食谷物类饲料引起的消化不良，如羊在舍内偷食过量谷物，使碳水化合物在瘤胃中产生大量的有机酸类，如乙酸、丙酸、丁酸、挥发性脂肪酸等可导致自体酸中毒。

继发性瘤胃积食常见于前胃迟缓、瓣胃阻塞、创伤性网胃炎、腹膜炎、皱胃炎、皱胃阻塞等。

【症状及诊断】发病较快者，采食、反刍停止。病初不断嗳气，随之嗳气停止，瘤胃蠕动增强，病羊腹痛不安，摇尾，或后蹄踏

地，弓背，咩叫。后期病羊精神萎靡，左侧腹下轻度膨大，肷窝略平或稍突出，触诊硬实。瘤胃蠕动减弱或停止，呼吸迫促，脉搏跳动次数增加，黏膜发绀。食谷物过多者可继发酸中毒和胃炎。

【防治措施】应消导下泻，防腐止酵，解除酸中毒，健胃，补充液体，治疗继发病。

消导下泻，可用鱼石脂1～3克、陈皮酊20毫升、石蜡油100毫升、人工盐50克，或用硫酸镁30克、芳香氨酯10毫升，加水1 000毫升，1次灌服。

解除酸中毒，可用5%碳酸氢钠100毫升静脉注射，或用11.2%乳酸钠30毫升静脉注射。为防止酸中毒继续恶化，亦可用2%石灰水洗胃。

心脏衰弱时，可用10%安钠咖5毫升或10%樟脑磺胺钠4毫升静脉或肌内注射。呼吸和循环衰竭时，可用尼可刹米注射液2毫升肌内注射。必要时可用10%葡萄糖注射液200毫升、10%氯化钠注射液500毫升、复方氯化钠500毫升、5%碳酸氢钠100毫升、10%氯化钙10毫升，静脉注射。

种羊患病，若药物治疗无效则宜进行瘤胃切开术抢救。

（六）瓣胃阻塞

瓣胃阻塞是由前胃机能障碍引起的，以瓣胃收缩力量减弱乃至蠕动停止，胃内容物滞留干涸在胃皱襞之间及腔体中（图7－42），使胃体积增大、坚硬、不排粪为其特征。

【病因】原发性病因是：羊长期在枯草或粗饲料地放牧，采食难以消化的作物秸秆，饲料中混入泥土、细沙；食入的塑料袋或地膜阻塞了瓣胃口；饮水不足，体质衰弱，运动量不足等亦可继发于前胃迟缓、瘤胃积食、皱胃阻塞，以及瓣胃与皱胃和腹膜粘连等。

【症状及诊断】病羊主要呈现前胃迟缓、瘤胃积食和轻度臌气等症状。瓣胃蠕动减弱或消失，触诊瓣胃区敏感。精神沉郁，机体脱水，不排粪便或仅排出少量干粪，粪表面附有大量黏液，多引起

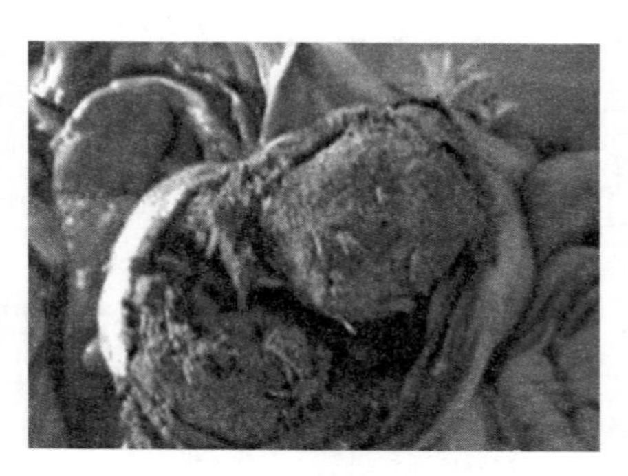

图 7-42 瓣胃阻塞

心力衰竭或继发瓣胃炎，可导致败血症而死亡。

右侧下腹部冲击触诊，可感到坚硬的瓣胃并有疼痛感，病至后期不排粪。该病多因羊的消化机能紊乱、胃肠分泌液减少、蠕动废绝或长期饲喂细碎的饲料等造成的；亦见于因迷走神经分支损伤，创伤性网胃炎使肠襻与皱胃粘连；幽门痉挛或幽门被异物（如塑料袋、地膜、毛球）阻塞等。

初生羔羊常因乳凝结块而发病，病程发展较缓慢，前期似前胃迟缓症状。精神沉郁，食欲减退，口流涎液，黏膜发绀，腹胀，排粪量少，以至停止排粪，粪便附有多量黏液或血丝。冲击触诊可感觉到坚硬的瓣胃胃体。注意本病应与皱胃阻塞相鉴别。

【防治措施】

1. 预防 加强饲养管理，消除致病因素。定时定量饲喂，供给充足、清洁的饮水。

2. 治疗 应以软化瓣胃内容物为主，以促进胃内容物排出为辅。瓣胃注射疗法对顽固性瓣胃阻塞效果显著，具体方法是，准备25%硫酸镁液 30～40 毫升、石蜡油 100 毫升，在右侧第 9 肋间隙和肩关节水平线交界，选用 12 号 7 厘米长针头，向对侧肩关节方向刺入 4 厘米深，当针刺入时可先注入 100 毫升生理盐水，当手感压力较大则表明针已刺入瓣胃，最后注入药液。

瓣胃注射后，用 10%氯化钠液 50～100 毫升、10%氯化钙 10

毫升、5%葡萄糖生理盐水250～500毫升、10%安钠咖5毫升混合静脉注射。

对于种羊可施行瓣胃切开术，以排出阻塞物。

（七）皱胃阻塞

皱胃阻塞是由于迷走神经调节机能紊乱或受损，导致皱胃弛缓，皱胃内积满多量食糜，亦见有未充分咀嚼的秸秆存积，或异物进入了皱胃使胃壁扩张、体积增大，胃黏膜及胃壁发炎，食物不能进入肠道所致。临床特征为前胃弛缓，胃肠蠕动废绝，皱胃扩大，在右侧下腹部冲击触诊可感到坚硬且羊有疼痛感，后期不排粪。

【病因】该病多因羊的消化机能紊乱、胃肠分泌液、蠕动机能降低或长期饲喂细碎的饲料所致。亦见于因迷走神经分支损伤，创伤性网胃炎使肠襻与皱胃粘连，幽门痉挛，幽门被异物（如塑料袋、地膜或毛球等阻塞）所致。羔羊断奶时，采食过量粗饲料也可继发本病。

【症状及诊断】该病发展较缓慢，前期似前胃弛缓症状。病羊喜卧，精神沉郁，食欲减退，排粪量少，以至停止排粪。粪便干燥，上附有多量黏液或血丝。皱胃扩张使右腹皱胃区增大，向外、向下方突出；瘤胃内充满液体，右腹部可感觉到坚硬较大的皱胃体。注意本病应与瓣胃阻塞相鉴别。

【防治措施】

1. 预防　加强饲养管理，去除致病因素，尤其是应特别注意饲料品质、加工等，做到定时、定量饲喂，并供给羊充足而清洁的饮水。

2. 治疗　有：①10%氯化钠50毫升、10%葡萄糖酸钙100毫升、5%葡萄糖生理盐水500毫升、复方氯化钠注射液250毫升、10%安钠咖3毫升、5%碳酸氢钠100毫升，静脉注射，每天1次，连用3次。②维生素C 500毫克，每天2次，肌内注射。③25%硫酸镁溶液50毫升、石蜡油30毫升、生理盐水200毫升，混合后作皱胃液注射；10小时后，可选用胃肠兴奋剂，如氨甲酰胆碱注射液0.25～0.5毫克，1次皮下注射。若因毛球阻塞或塑料膜阻塞应禁用。④当发生腹膜炎时，应用青霉素、链霉素肌内注射；或用0.25%普鲁卡因10毫升、青霉素160万单位，腹腔注射。⑤中药治疗，即用大黄9克、油炒当归12克、芒硝10克、生地3克、桃仁3克、三棱3克、莪术3克、郁仁3克，煎成水剂，另加石蜡油50毫升一同灌服。

对于种羊可进行皱胃切开术，以排出阻塞物。

（八）胃肠炎

胃肠炎是因胃肠壁的血液循环与营养受到严重影响而引起的胃肠表层黏膜及其深层组织的炎性疾病。依据炎症性质与病理变化，可分为卡他性、黏液性、化脓性、浮膜与固有膜炎症。病羊临床表现以食欲减退或废绝、体温升高、腹泻、脱水、腹痛和不同程度的自体中毒为特征。

【病因】该病多因对前胃疾病治疗不及时而引起。当饲养管理出现错误，如羊采食大量冰冻、发霉的饲料时易发病，饲料中混入具有刺激性的药物及化肥（如过磷酸钙、硝铵化肥等）也会出现胃肠炎。另外，圈舍潮湿、卫生不良、驱虫投药不当，以及羊只春乏、营养不良、抵抗力降低等也可致病。该病也可继发于副结核、炭疽、巴氏杆菌病，以及羔羊大肠杆菌病等。

【症状】初期病羊多呈现急性消化不良，后逐渐或迅速转为胃肠炎症状。食欲减退或废绝，口腔干燥、发臭，舌面覆有黄厚苔，常伴有腹痛。肠音初期增强，以后减弱或消失。不断排稀粪或水样粪，气味腥臭或恶臭，粪中混有血液、脓液及坏死的组织片。由于下泻而引起严重脱水，因此病羊尿少色浓，眼球下陷，皮肤弹性降低，迅速消瘦，腹围紧缩。当虚脱时病羊不能站立而卧地，呈衰竭状态。随着病情的发展，病羊体温升高，脉搏细数，四肢冷凉，昏睡。严重时引起血液循环和微循环障碍，最终因抽搐而死。

慢性胃肠炎病程较长，病势缓慢，主要症状与急性的相同，可

引起恶病质。

【发病机理】胃肠黏膜表层和深层组织发生局灶性或弥漫性充血、出血、肿胀、坏死、溃疡等变化，是胃肠炎发生的病理学基础。胃肠器官结构和生理机能受到破坏后，致使胃肠运动、分泌、吸收功能异常，病羊表现为食欲减退或废绝、反刍停止，乃至引起全身反应。急性和慢性胃肠炎发作，可单独形成或表现在同一病程中的不同发展阶段，而且胃与肠的各自炎症可同时发作，亦可相互继发，故病羊的临床症状和发病过程变得复杂。病羊常因肠道腺体分泌量增多、吸收减少、蠕动增强而表现腹痛、腹泻、脱水，进而使体液和电解质大量丢失，导致血液黏稠，自体酸中毒，心血管循环功能障碍，使得病情加重。

【治疗措施】治疗应及时去除病因并治疗原发病，禁食的同时清理胃肠道、抑菌消炎、补充液体、维护心脏机能、纠正酸中毒等。

一般采取如下具体治疗方法：①磺胺脒 4～8 克、小苏打 3～5 克或口服药用炭 10 克、萨罗尔 2～4 克、次硝酸铋 3 克，加水 1 次灌服；或用黄连素片 15 片，加水灌服。②青霉素 100 万～160 万单位、链霉素 200 万单位，1 次肌内注射，连用 5 天。③脱水严重的宜输液，可用 10%葡萄糖 250 毫升、10%樟脑磺酸钠4 毫升、5%碳酸氢钠 50～100 毫升、复方氯化钠注射液 500 毫升、维生素 C 500 毫克混合，静脉注射，每天 1～2 次；亦可用土霉素或四环素 0.5～1 克，溶解于生理盐水 500 毫升中，静脉注射。

急性肠炎可用中药治疗，以清热解毒、消黄止痛、活血化瘀为主。处方：白头翁 12 克、秦皮 9 克、黄连 2 克、黄芩 3 克、大黄 3 克、山枝 3 克、茯苓 6 克、泽泻 6 克、玉金 9 克、木香 2 克、山楂 6 克，1 次煎水灌服，连用 3 天。

慢性胃肠炎可用参苓白术散，即党参 12 克、炒白术 9 克、山药 12 克、炒白扁豆 12 克、薏米仁（炒）12 克、砂仁 9 克、桔梗 9 克、莲籽 12 克，水煎去渣，另用磺胺脒 8 克，1 次灌服，连用 3 天。

（九）绵羊肠扭转

绵羊肠扭转是肠管沿纵向折叠，并以肠系膜基部为附着点发生不同程度的偏转所致，可引起肠腔机械性闭塞，病羊剧烈腹痛，继而肠管出血、麻痹、坏死。如不及时整复肠管位置，可造成病羊急性死亡，死亡率达100%。该病平时少见，多发生于剪毛时，故牧民称其为“剪毛病”。

【病因】肠扭转一般继发于肠痉挛、胃肠臌气等。羊因腹痛而打滚，在体躯翻转过程中，肠管移位。瘤胃发生急性臌气时腹压增高，使肠管互相挤压错位而发病。另外，剪毛前因羊已吃饱，腹压增大，在倒羊或翻转羊体时动作粗暴、过猛，加之卧地时间过长，引起胃肠臌气等均可造成肠扭转。

【症状及诊断】初期病羊精神不安，结膜发绀，口、唇有少量白沫，回头顾腹，伸腰弓背，起卧。两肷内陷下垂，后肢弹腹或踢蹄，不时摇尾和翘唇，不排粪、尿。瘤胃蠕动音先强后弱，肠音亢进。体温正常或略高，呼吸浅而快，每分钟25～35次。心率加快而有力，每分钟80～100次。随着时间的延长，症状逐渐加剧。病羊挣扎着急起急卧，前后冲撞，腹围逐渐增大，扣之如鼓。肌肉震颤，触诊腹壁敏感，使用镇痛药（如水合氯醛制剂）后腹痛不能明显减轻，瘤胃蠕动和肠音减弱和消失。体温升至40.5～41.8℃，呼吸急促，每分钟60～80次，心跳快而弱，节奏不齐，每分钟100～120次。衰竭期病羊腹部严重臌气，精神萎靡，结膜发紫，弓腰呆立或卧地不起，强迫行走时步态蹒跚。瘤胃蠕动及肠音废绝。体温降至37℃以下。呼吸微弱，每分钟70～80次。心音微弱，节奏不齐，每分钟60次以下。腹腔穿刺时，有洗肉水样液体流出。病程一般持续6～18小时，如肠管不能被正常复位，则病羊最终会因此病而死。

【防治措施】

1. 预防　寒冬季禁止给羊饲喂冰冻饲料，适量饲喂精饲料。剪毛前应禁食，放倒或翻转羊体时先应提起头部，然后腹部着地。

2. 治疗

（1）体位整复法　助手两手抱住病羊胸部，将其提起，使羊臀部着地，羊背紧挨助手腹部和腿部，让其腹壁松弛，呈犬坐姿势。术者蹲于羊前方，两手握拳，置两拳头于病羊左右腹壁中部，紧挨腹壁，两拳交替推揉（每分钟60次左右）5～6分钟；再由两人分别提起羊的前后肢，背向地面，左右摆动10余次。放下病羊，让其站立，持鞭驱赶，使之奔跑8～10分钟，然后观察结果。

推揉中，术者用力大小应使腹腔内肠管、瘤胃摆动，并可听到清脆的撞击音为度，且用力要均匀。若病羊嗳气、瘤胃臌气消散、腹壁紧张性减轻，则可视为整复术成功。同时用消胀片3片、石蜡油150毫升、大黄苏打片20片，加水灌服。

（2）手术整复法　若用上法不能达到目的，则应立即进行剖腹探诊，查明扭转部位，并整复；矫正扭转的肠管，使之复位。其后加强护理，用青霉素、链霉素治疗。

（十）支气管肺炎及肺脓肿

支气管肺炎是支气管与肺小叶或肺小叶群同时发生炎症。病羊临床表现以呼吸困难、弛张热型、胸部叩诊呈现局灶性浊音区、听诊肺区有捻发音为特征。化脓性肺炎常在发生大叶性肺炎时受化脓菌感染继发而来。

【病因】本病多因受寒感冒，物理、化学因素的刺激，条件性病原菌的侵害等感染，以及肺线虫病侵袭所致。此外，本病可继发于口蹄疫、放线菌病、子宫炎、乳腺炎，以及见于羊鼻蝇、外伤肋骨骨折、创伤性心包炎、胸膜炎等。

【症状及诊断】支气管肺炎初期呈急性支气管炎症状，即病羊咳嗽，体温升高（呈间歇型，高达40℃以上）。呼吸浅表增数，出现混合型呼吸困难。呼吸困难程度随肺炎发炎的面积大小不同。叩诊胸部出现不规则的半浊音区，病羊出现低弱的咳嗽。浊音区多见于肺下部的边缘，其周围健康的肺区叩诊音高朗。胸部听诊肺泡音减弱或消失，初期出现干啰音，中期出现湿啰音、捻发音。

肺脓肿病灶常呈散在性的特点，是大叶性肺炎化脓菌感染的结果。病羊呈现弛张热，体温高至41.5℃，咳嗽、呼吸困难。叩诊肺区，常出现固定的局灶性浊音区，病区呼吸音消失。其他病症基本同支气管肺炎。白细胞总数增加，高达2.0万个/mm³，中性粒细胞占70%～80%，核分叶增多。

根据病羊的临床表现即可确诊。但应注意与大叶性肺炎、咽炎、副鼻窦炎等疾病相鉴别。

【防治措施】

1. 预防 应加强饲养管理，保持圈舍卫生，防止羊吸入灰尘。勿使羊受寒感冒，杜绝感染传染病。在投送胃管时，防止插入气管中。

2. 治疗

（1）消炎止咳 用10%黄安嘧啶50～100毫升，或抗生素（青霉素、链霉素、庆大霉素）肌内注射。氯化铵1～5克、酒石酸锑钾1克、杏仁水10毫升，加水混合灌服。亦可应用青霉素100万～160万单位、0.25%普鲁卡因5～10毫升，气管注入。卡那霉素0.5克，肌内注射，每天2次，连用3天。

（2）解热强心 可用复方氨基比林或安定注射液5～10毫升，1次肌内注射；10%樟脑水注射液5毫升，肌内注射。

（3）抑制渗出和促进吸收 10%氯化钙或葡萄糖酸钙50毫升、10%葡萄糖注射液250毫升、5%碳酸氢钠溶液100毫升、复方氯化钠溶液250毫升，静脉注射，每天1次，连用3天。

（十一）吸入性肺炎

吸入性肺炎是羊偶然将药物、饲料、渣液、植物油等异物呛入气管、支气管和肺部而引起的炎症。病羊的临床特征为咳嗽、气喘和脓肿性鼻涕，肺区听诊有湿啰音、捻发音。

【病因】本病主要见于病羊食道堵塞后，经口强制投药，或给羊灌药和清油时引起误咽。亦见于羊鼻蝇幼虫误入气管、支气管内者。患破伤风时经口腔投药误吸入支气管。

【症状及诊断】病羊精神沉郁，食欲大减或废绝。从鼻孔中流出带泡沫的鼻涕。体温升高达40～41℃，弛张热型，日差平均1.1℃，最高达2.5℃。脉搏跳动加快，呼吸困难，以腹式呼吸占优势，腹部扇动显著。病羊初期常为干咳，随着分泌增加可表现为湿咳。

鼻涕呈浆性或流浆黏性鼻液。病至中期，流出灰白色带泡沫的鼻涕，咳嗽低哑呈阵发性，有时伸颈摆头，呼出恶臭气体。

肺部听诊初期主要为干啰音，以后则出现湿啰音，并有散在性捻发音。肺部下三角区，即心区后上方呼吸因弱或消失。听诊该区呈局灶性半浊音或浊音，肺的腹界扩大。白细胞总数显著增多，中性粒细胞增多，核左移，酸性粒细胞增多。

【治疗措施】严禁强迫性灌药，用胃管投药时应防止将胃管送入气管。食道堵塞时禁止经口投药。做好羊鼻蝇的驱除工作。对病羊早期可采取综合治疗法。青霉素160万单位，肌内注射，每天1～2次，连续4～7天，同时用青霉素100万单位、0.5%普鲁卡因5～10毫升行气管注射，每天或隔天1次，连续注射3～4次。

肺脓肿时，可用10%黄安嘧啶钠注射液50～100毫升，静脉注射；或改用四环素、头孢菌素、林可霉素等静脉注射。

在治疗过程中，为防止自体中毒，可用10%葡萄糖注射液250毫升、樟脑水10毫升、30%乙醇20毫升、5%葡萄糖酸钙100毫升，静脉注射，以维持心脏机能和全身营养。食欲不佳时可用健胃剂。

病羊剧烈咳嗽，对气喘者可服止咳糖浆（如用苏菲克糖浆100毫升灌服）。食饵疗法甚为重要，每天在青草地放牧对于促进病羊食欲和加速其身体康复可起到良好的作用。

若因吸入固体异物而发生肺坏疽，则很难治愈，建议淘汰病羊。

（十二）尿石症

尿石症是由尿液中盐类晶体在尿路内形成凝结物所致疾病，主要以有排尿困难、少尿、尿痛、肾区疼痛等为特征（图7－43），是肾结石、输尿管结石、膀胱结石、尿道结石的总称。常发生在公羊、羯羊上。

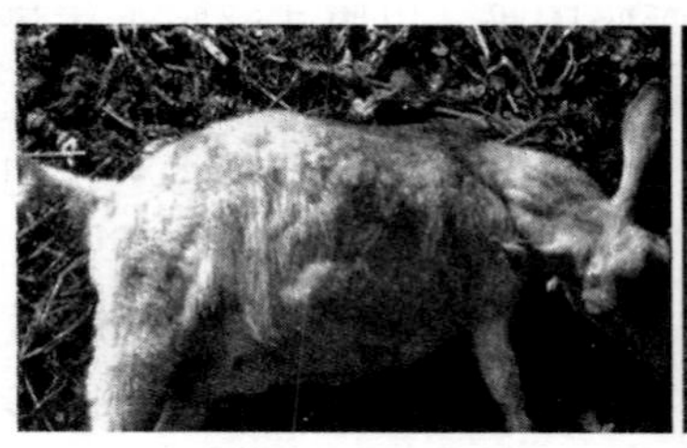

图 7-43　患尿石症病羊

【病因】 该病常与以下因素有关：一是溶解于尿液中的草酸盐、碳酸盐、尿酸盐、磷酸盐等，在凝结物表面沉积后形成了大小不等的结石；二是由尿路炎症引起的尿潴留或尿闭，可促进结石的形成；三是饲料和饮水中含钙、镁盐类较多，给羊饲喂大量的甜菜块根、渣粕及饲料中的麸皮比例较高，维生素缺乏常可促使该病的发生；四是种公羊患肾炎、膀胱炎、尿道炎或阴茎损伤时，可形成尿结石。

近年来，在育肥羊生产中，短期（1.5～2 月）、多量精饲料饲喂时，育肥羊中常有 3% 的羊发生尿酸盐结石，直接影响育肥生产。

【症状及诊断】 尿结石常因发生的部位不同而症状也有差异。尿道结石，常因结石完全或不完全阻塞尿道，引起闭尿、尿痛、尿频时才为人们发现，病羊排卵努责，痛苦咩叫，尿中混有血液，可致膀胱破裂。膀胱结石在不影响排尿时，羊无临床症状，常在死后才被发现。患肾盂结石的病羊生前无临床症状，死后剖检时才被人发现肾盂处有大量结石。肾盂内多量较小的结石可进入输尿管，使之扩张，可使羊发生疝痛症状。显微镜检查尿液可见脓细胞、砂粒或血液。当出现尿闭时，常发生尿毒症。

该病可借助尿液镜检确诊。发生尿液减少或尿闭，以及患有肾炎、膀胱炎、尿道炎病史的公羊，不应排除发生尿结石的可能性。

【病理变化】 羊正常尿液中的主要成分是晶体、基质和水，尿液能溶解多种晶体。当尿液中各种成分发生质和量的变化时，则晶体沉淀而生成结石。结石发生时有结石核心开始逐渐形成，核心的实质是尿液中的晶体过度饱和后沉淀析出微粒。亦有由非晶体物质组成，如血块、细胞及细胞碎片、寄生虫卵及幼虫，还有细菌、脱落的上皮、坏死组织块粒等。核心形成后以此为基础，晶体和胶质围绕聚集，沉淀增加形成结石。

【防治措施】

1. 预防 进行科学的饲养管理，合理搭配日粮，给羊供应优质、多汁的牧草，应注意尿道炎、膀胱炎、肾炎的治疗。控制谷物、麸皮、甜菜块根的饲喂量，饮水要清洁。患病时应分析尿结石发生的部位，确定尿石成分，有针对性地提出预防措施。

2. 治疗 本病发生时药物治疗一般无效果。对种公羊，出现尿道结石时可施行尿道切开术，摘除结石。由于肾盂和膀胱中小块结石可随尿液落入尿道，而形成尿道阻塞，故在施行肾盂及膀胱结石摘除术时对预后要慎重。

（十三）羊酮尿病

羊酮尿病是由于羊体内蛋白质及挥发性脂肪酸异常分解引起的一种全身性功能失调的代谢障碍性疾病。其特征是尿、血中的酮体含量增高，血糖浓度降低，消化机能紊乱，体重减轻，严重者有神经症状。主要发生于产双羔或三羔的妊娠后期，以血酮、酮尿为主要症状。绵羊多发生于冬末、春初，山羊发病时无严格的季节性。

【病因】 ①病羊营养不足，妊娠后期胎儿相对发育较快，母体代谢丧失平衡，引起脂肪代谢障碍。②在缺乏豆科牧草的荒漠和半荒漠地带放牧时第二年羊更容易发病。③给种羊饲喂较多富含蛋白质和脂肪的饲料，或舍饲的羊群因缺乏维生素 A 和矿物质盐类等。

【症状及诊断】 初期病羊掉群，视力减退，呆立不动，驱赶强迫运动时步态摇晃。后期意识紊乱，不听呼唤，视力丧失、失明。舍饲羊只喜欢卧地，腹部松软而无紧张性，食欲下降，体温常无变化，衰弱。严重时出现神经症状，主要表现为头、眼周围肌肉痉挛，并可出现耳、唇震颤，空嚼，口流泡沫状唾液。由于颈部肌肉痉挛，故头后仰，或偏向一侧，亦可见到无目的地做转圈运动。若全身痉挛则羊突然倒地死亡。病羊食欲减退，前胃蠕动减弱，黏膜苍白或黄疸。呼出的气体中及尿中有丙酮气味。采用亚硝基铁氰化钠法检验尿酮，反应物为淡紫色，呈阳性反应。

【病理变化】死亡的母羊肾脏变软，肿大，被膜易剥离，切面外突，皮质呈淡棕黄色，髓质部为棕红色；肾小管明显变粗，呈条纹状；肾上腺肿大，皮质部较脆，呈土黄色；髓质部呈紫红色。肝脏脂肪性变性，肿大，边缘变钝，呈土黄色，切面突起外翻。胆囊肿大，胆汁为稀薄的黄绿色。心脏扩张，心外膜增厚，见有心肌营养不良者。

【防治措施】

1. 预防　加强饲养管理，在分娩前 2 个月调整饲料的供量和营养物质成分，冬季设置防寒棚舍，补饲甜菜根、胡萝卜。春季补饲青干草，适当补饲精饲料（豆类）、鱼粉、食盐等。

2. 治疗　治疗可用 25%葡萄糖注射液 200～500 毫升，静脉注射，以防肝脂肪变性。调整体内氧化还原过程，每天饲喂醋酸钠 15 克，连用 5 天。柠檬酸钠 15～20 克，每天 1 次，灌服，连用 4 天。医用甘油或丙二醇 80 克，每天 1 次，灌服，可延用 5 天。每天供给 10～15 克碳酸氢钠，拌入饲料中饲喂。亦可应用氢化可的松 10～20 毫克，5%葡萄糖 500 毫升混合，每天 1 次，静脉注射，5 天一个疗程。或用醋酸可的松 10～20 毫克，1 次肌内注射，连用 3 次。

（十四）绵羊脱毛症和食毛症

绵羊脱毛症和食毛症是羊营养代谢机能障碍疾病，临床表现不同。脱毛症是以非寄生虫性及皮肤无病变的情况下，病羊发生被毛脱落和被毛发育不全为特征。食毛症是以成年绵、山羊啃食被毛为特征，亦称为“异食癖”，多呈散发性或地方性流行性。有明显的

季节性，多在干旱时节，冬、春季及早春为高发期。

【病因】常因地区差异和饲养方式不同，病羊的表现形式亦各不尽相同，与以下因素有关：

（1）放牧或舍饲的羊群日粮中蛋白质不足时，羊生长发育迟缓，体重减轻，抵抗力降低，严重者可致不同程度的营养性水肿。蛋白质与能量同时缺乏将形成蛋白质能量缺乏病。

（2）饲草料中硫元素含量不足和硫在体内出现代谢障碍是本病发生的重要因素。病羊被毛中的硫含量比健康羊的低，而健康羊血中含硫量比病羊低。

（3）该病多发于豆科牧草缺乏，且多存在高氟、低硒、缺磷、缺铜、缺碘的地区。有异食癖的绵羊多喜舔食带碱性物质。据试验，若每千克泥土里钴含量为2.3～2.5毫克时羊不发生“异食癖”，而若钴含量低于1.5～2毫克时羊很易发生“异食癖”。饲料中钙、磷比例失调，缺乏B族维生素、维生素A及生物素，常可引起羊的神经机能和消化机能紊乱，引发皮炎、脱屑、脱毛。

（4）疾病和病态因素　病羊存在内外寄生虫的感染时也可能发生本病。另外，患脱毛症的山羊不一定食毛，患食毛症的羊也不一定全都表现脱毛。但它们都存在异食现象，如啃土、舔盐碱或食粪、尿。

【症状】患脱毛症与食毛症的羊一般多消化不良或消化功能紊乱，继而出现“异食癖”。病羊被毛枯焦，蓬乱无光，皮肤干燥，弹性减退，但体温、呼吸、脉搏正常。严重时表现贫血，渐进消瘦。伴有胃肠炎而腹泻，直至衰竭而死。患脱毛症的病羊主要表现脱毛，但不食毛。

患食毛症的羊啃食自身被毛或互相啃食被毛，以啃食臀部被毛为最多，继而啃食肩部和腹部被毛。被啃食羊轻者被毛稀疏，重者大片被毛被食而体躯裸露，全身净光，冬季常被冻死。有些病羊食入被毛后形成毛球，阻塞胃肠道，常表现腹胀、腹痛，停止排粪而死。

【防治措施】

1. 预防 有：①加强饲养管理，重视饲料中能量和粗蛋白质的供给。②冬、春季做好防寒补饲工作。③定期驱虫，免疫接种疫苗。④针对发病地区，增补矿物质元素、维生素等。⑤做好优质青草和豆科牧草的贮备，以备急用。⑥在夏、秋季实行围栏分区放牧。

2. 治疗

（1）将盐砖悬挂在舍内或牧场，让病羊舔食，以增加微量元素和钠、钾盐的补给。

（2）给病羊饲喂生长素制剂。

（3）给病羊补饲配合精饲料，每天 200 克/只，每吨饲料中补加硫酸锌 0.2 千克、氯化钴 1 千克。每月每只绵羊口服硫酸铜 0.5 克。0.1%亚硒酸钠注射液 5 毫升/只，肌内注射，每 3 个月 1 次。鱼肝油 1 毫升/（只·日），连用 2 周。

（4）清理胃肠，综合对症治疗，维持心脏机能，防止病情恶化。

（十五）氢氰酸中毒

氢氰酸中毒是羊采食了富有氰苷配糖体的青饲料，在胃内由于酶的水解和胃液盐酸的作用，产生游离的氢氰酸后而致本病。主要表现为发病急促，呼吸困难，惊厥，伴有肌肉震颤等（图 7-44）。

【病因】该病常因羊采食过量的亚麻苗、高粱苗、玉米苗等而突然发作。机榨亚麻饼中含氰苷多，过量饲喂时也易发生中毒。当中药杏仁、桃仁用量过大时，亦可治病。

【症状】发病迅速，多于采食含有氰苷的饲料后 15～20 分钟出现症状。病羊首先表现腹痛不安，瘤胃臌气，呼吸加快，可视黏膜潮红，口流白色泡沫状唾液。先兴奋，很快转入沉郁状态，随之出现极度衰弱，步态不稳或倒地。严重者体温下降，后肢麻痹，肌肉痉挛，瞳孔散大，全身反射减少乃至消失。心搏徐缓，脉细弱，呼吸浅微，直至昏迷而死。

图 7-44　氢氰酸中毒病羊

【防治措施】

1. 预防　禁止在含有氰苷作物的地方放牧，用含有氰苷的饲料喂羊时宜先加工调制。

2. 治疗　发病后立即配制 2%亚硝酸钠溶液，取 10 毫升，静脉注射。然后再用 10%硫代硫酸钠溶液 10～20 毫升，静脉注射。症状严重时，可重复注射 1 次。另外，可用 10%葡萄糖 500 毫升、10%樟脑磺胺钠 5 毫升、复方氯化钠 250 毫升、维生素 C 500 毫克，一次静脉注射。必要时可用尼可刹米 0.25 克/毫升，1 次肌内注射，以兴奋呼吸与循环中枢。

（十六）有机磷中毒

有机磷中毒是由于羊接触、吸入或采食被某种有机磷制剂污染的饲料所致。该病的病理过程是体内的胆碱酯酶活性受到抑制，使乙酰胆碱在体内蓄积，从而导致神经生理机能紊乱，以副交感神经兴奋为其特征。

【病因】羊对农药毒性的敏感性各不相同，引起中毒多因农药保管不妥和使用时违反操作规程所致。亦见于驱除外寄生虫时，应用有机磷农药过量而发生中毒。

【症状及诊断】病羊出现食欲不振、流涎呕吐、疝痛腹泻、多汗、尿失禁、瞳孔缩小、黏膜苍白、呼吸困难、肺水肿等。有的病羊肌纤维性震颤、麻痹、血压上升、脉频，致使中枢神经系统机能紊乱，表现兴奋不定，全身抽搐，以至昏睡等。除上述症状外，还可见病羊体温升高、呈水样腹泻、便血等。呼吸困难时病羊表现痛苦，眼球震颤，四肢厥冷，出汗。呼吸肌麻痹时可导致病羊窒息死亡。实验室检查，胆碱酯酶活性降低。

根据临床症状、询问病史和毒物分析，胆碱酯酶活性检测，可以确诊。

【防治措施】

1. 预防 严格执行农药管理制度，且勿在喷洒过有机磷农药的草地上放牧，严禁用拌过有机磷农药的种子喂羊。

2. 治疗 可用解磷定，剂量按每千克体重15～30毫克，溶于5%葡萄糖溶液500毫升中，静脉注射。或用硫酸阿托品5～10毫克，肌内注射。症状不见减轻时，仍可重复应用解磷定和硫酸阿托品。

（十七）草木樨中毒

草木樨中毒是由于羊采食多量的发霉草木樨所致。临床主要表现以凝血不良和广泛出血，外伤和手术后严重出血不止为特征。继而可见脑组织水肿和细胞缺氧，心肌纤维变性或坏死，肺间质增宽、水肿，肺泡扩张，心律不齐和呼吸机能衰竭而导致死亡。主要见于牛、羊、猪，马次之。

【病因】草木樨是羊的重要豆科牧草，世界各国都将其作为羊的补饲牧草。但该牧草中香豆素和双香豆素的含量对饲料质量的影响很大。双香豆素可通过胎盘侵害未出生的羔羊，常表现为采食量多的羊往往最先发病，幼龄羊对双香豆素较成年羊

敏感。

【症状】 临床表现可分为急性（出血性）和亚急性（贫血性）。

1. 急性型　羊在采食后15～23天显示症状，精神沉郁，体温正常或略降低，呼吸困难，呈胸腹式，心音亢进。可视黏膜苍白或有点状出血，肌间或皮下形成无疼痛性肿胀，不产气、无热感，穿刺时可见凝血块或稀薄的血液。不愿行走，呆立，驱赶行走时步态僵硬。触诊瘤胃坚实或松软。粪便干燥，呈黑褐色。濒危的羊常体温下降，虚弱，脉搏弱而频数，站立不稳，摇晃。

2. 亚急性型　常缺乏明显症状。羔羊去角、去势、断尾或母羊分娩时出血不止，失血过多可引起死亡。凝血时间延长（25分钟），血红蛋白指标降低（6克以下）。

慢性经过者食欲正常，可视黏膜淡红，皮下无肿胀，运动步态无异常，仅表现膘情较差，体质消瘦。

【诊断】

1. 实验室诊断　血凝时间延长，血小板数量减少。血红蛋白含量减少，全血非蛋白氮值升高。

2. 病理解剖学变化　天然孔黏膜苍白，有出血（斑）点，颈、肩、臀股部广泛局灶性肿胀，出血灶内含稀薄的血液。心包、胸腔、腹腔积有淡红色渗出液。肝脏表面有暗红色区分布，肝中央静脉周区实质细胞肿胀或坏死，坏死区周边无炎性细胞浸润，肝窦系变窄或消失。肾脏大小虽无变化但显淡色，切面皮质区有出血或坏死区，肾上皮细胞肿胀和水疱变性，肾小球玻璃样变。心脏内外膜有斑点状出血，肌纤维变性。肺间质水肿而增宽，肺脏内充满嗜伊红液体。脾脏组织内含铁色素积聚，脾小体出血，同时见红细胞着色不均，生发中心衰竭。胆囊黏膜皱襞及上皮与紧接的平滑肌囊发生坏死，上皮细胞发生水疱变性。胃肠浆膜下呈点状或块状出血，出血可深入到肌层或固有层。

【防治措施】

1. 预防　选育低毒优质草木樨品种进行栽培，收割新鲜草木樨制作青干草，青贮或晾制干草时严防发霉变质。严禁使用腐烂、变质的草木樨干草饲喂羊只。用草木樨青干草喂羊时其量控制在35%以下，并与其他饲草（如禾本科、苜蓿）搭配饲喂或间隔喂养。也可在喂前将草木樨青干草剁碎，用微碱水（pH 为 8）按1∶8比例浸泡 24 小时，弃去浸泡的水溶液后可除去 84.4%的香豆素和 41.01%的双香豆素，以防止羊发生中毒。

2. 治疗 治疗原则是，立即除去病因，止血养血，输血补能，补充营养素丰富的饲料。

（1）立即停喂草木樨饲料，置病羊于安静处，同时服用维生素 K_1、维生素 K_3 或维生素 K_4。

（2）轻症者可用维生素 K_3 按每千克体重 2 毫克，肌内注射，每天 2 次，连用 3 天。重症者可用 10%葡萄糖注射液 500 毫升，与维生素 K_3 按每千克体重 2～4 毫克混合，静脉注射，每天 1 次，连用 3 天。

（3）口服剂量为每千克体重 6 毫克，每天口服 1 次，连用 1 周。

（4）条件允许时，可用羊抗凝全血进行输血疗法，用 3.8%枸橼酸钠溶液或 10%氯化钙溶液作抗凝剂，按 1∶9 比例与无菌采集的健康羊的全血摇振混合，每只成年健康羊可采全血 300～350 毫升，给病羊 1 次静脉注射。

（5）辅助治疗可将中药当归 10 克、白芍 9 克、丹参 15 克、熟地 10 克、川芎 6 克、仙鹤草 10 克、茵陈 10 克、车前子 10 克、党参 10 克、黄芪 10 克、甘草 6 克，研细为末，开水调和灌服或煎成水剂灌服，每天 1 剂，连用 3 天。

（6）如有感染发生可用抗生素制剂，此外可增喂硫酸亚铁、复合维生素制剂等。

（十八）疯草中毒

“疯草”是棘豆属和黄芪属有毒植物的总称，是我国分布广泛、危害严重的有毒植物品种之一。羊疯草中毒是因其采食了一定量的棘豆属和黄芪属类有毒植物后而发病，主要表现为头部不自主地震颤和后肢麻痹。

【病因】棘豆草有不良气味，在牧草生长季节羊只拒食；但在冬、春季进入枯草期，羊被迫采食棘豆，每年11月起至翌年2—3月死亡率上升。轻型慢性中毒的羊只能耐过，进入青草季节后病情逐渐好转。新发病区或由外地购入的羊不能识别这些有毒牧草，可在全年的各个季节发生中毒。

【症状】初期中毒山羊精神异常，食欲减少，对外界刺激的反应迟钝，目光凝视，呆滞站立。中期特征性症状出现，中毒山羊头部呈水平震颤，站立时仰头缩颈，步态蹒跚，后躯摇摆，追赶时极易摔倒，放牧时跟不上大群，被毛蓬乱，无光泽。后期中毒山羊腹泻，机体脱水，腹下被毛极易脱落，后躯麻痹，卧地不起。多数重型病羊因心力衰竭、呼吸困难而死。绵羊发病症状与山羊相似，母羊多发生不孕、流产和死胎。病程一般为3个月到1年。

【病理学检验】

1. 血液学检验　血液常规检查时血红蛋白指标基本正常。血液指数分析呈大红细胞性贫血，白细胞总数微高于正常，淋巴细胞数量升高。血清GOT和ATP活性明显升高，血清α-甘露糖苷酶活性降低。尿液低聚糖含量增加，尿低聚糖中甘露糖含量亦明显升高。

2. 病理学检验

（1）解剖学检验　中毒羊体质消瘦，皮下结缔组织呈胶样浸润。腹腔内积有渗出液（量不等的清亮液体）。肝、肾微肿，质地发软，色泽变淡，其表面分布大小不等、不规则的灰白色区。皮下及小肠黏膜有出血点，胃及脾与横膈粘连。有的病羊脑膜浸润，脑回肿胀，脑沟变浅平。

（2）组织学检验　肝细胞肿胀、破裂，核溶解或消失，结缔组织增生，细胞质内有空胞。肾小球肿大、充血，肾小管上皮细胞发生粒性变性，细胞质中出现空泡，间或见有坏死性变化。脾网状内皮细胞的变化类同肝、肾。心肌纤维混浊、肿胀。胰脏腺细胞具有空泡性变。肺及小肠变化不明显。淋巴结（肠系膜淋巴结）网状内皮细胞变性，空泡化，核被挤于一侧。大脑和小脑软脑膜轻度充血，神经细胞肿胀，虎斑小体溶解。小脑浦肯野式细胞核溶解或消失，胞浆内有大小不等的空泡。神经胶质细胞增生，形成“卫星化”。脊髓运动神经细胞的变化同脑细胞。电镜下，脑和脊髓神经元细胞变性、坏死、核消失，细胞器消失，呈均质状结构。神经与胶质细胞质中有多量大小不等的空泡，似圆形或椭圆形。线粒体肿胀，其内室扩张，嵴排列不整齐，质溶解明显；亦见线粒体扩张，质溶解明显，嵴稀少、疏松。个别空泡内有多泡小体。

【诊断】依据病羊在疯草生长的牧场放牧史，结合临床症状，如头部呈水平震颤、后躯麻痹、行走摇摆等即可做出诊断。对中毒症状不明确者，可采用手提羊耳致羊发生应激反应，可做出初步诊断。全血涂片检查时发现的淋巴细胞浆内空泡形成，白细胞总数减少，血清中 α-甘露糖苷酶活性降低，尿液中低聚糖含量增加、低聚糖中的甘露糖明显升高等都具有诊断意义。

【预防措施】

主要有：①合理放牧，控制羊只食入疯草的数量；②围栏放牧，减少羊只采食疯草的量；③应用化学防除剂消除杀灭疯草，如2，4－D丁酯、二氯吡啶酸联合应用。

（十九）羔羊佝偻病

【病因】该病主要见于饲料中维生素含量不足及哺乳羔羊受日光照射不足致体内维生素D缺乏，妊娠母羊或哺乳羊饲料中钙、磷比例不当；圈舍潮湿、污浊阴暗；消化不良，营养不佳等。放牧母羊秋膘差、冬季未补饲时，则春季产羔时更易发病。

图7－45　羔羊佝偻病

【症状及诊断】轻者主要表现为生长缓慢，异嗜，呆滞，喜卧（图7－45），卧地起立后四肢负重困难，步态摇晃，出现跛行。触诊关节有疼痛反应。病程稍长者，则

关节肿大，以腕关节、系关节、球关节较为明显。长骨弯曲，腕关节有时可向前后弯曲，跗关节向前弯曲，四肢外展，形如青蛙。发病后期，病羔以腕关节着地爬行，后躯不能抬起。重症者卧地，呼吸和心跳加快。

【防治措施】

1. 预防　改善和加强母羊的饲养管理，加强运动，分群放牧，供给青饲料，补喂骨粉，增加幼羔的日照时间。

2. 治疗　可用维生素A、维生素D注射液3毫升肌内注射，或精制鱼肝油3毫升灌服或肌内注射，每周2次。为了补充钙制剂，用10％葡萄糖酸钙液100毫升静脉注射，亦可应用维丁胶性钙4毫升肌内注射，每周1次，连用3次。对关节严重变形的羔羊，可用竹板固定包扎整形。

（二十）羔羊白肌病

本病亦称营养性肌营养不良疾病或硒反应性衰弱症，羔羊称为强拘症。由于硒与维生素E的代谢具有加成作用，故本病又称硒与维生素E缺乏症，主要侵害骨骼、肌肉、心肌和膈肌，以肝组织发生变性、坏死为特征。

【病因】该病的发生与羊食入了生长在硒缺乏土壤中的饲料，以及饲料中的维生素E被破坏而导致维生素E缺乏有关。此外，母乳中缺乏维生素E或钴、铜、锰等微量元素，均可导致该病的发生。

【症状及诊断】发病羔羊全身衰弱，肌肉弛缓，运动无力，站立困难，卧地后不能站起（图7－46），有时呈现强直性痉挛状态，随即出现麻痹、血尿；死亡前昏迷，呼吸加快（达80～90次/分钟），心跳加速（200次/分钟）。慢性白肌病可继发肺炎、肢体肌肉僵硬、消化不良等。

有的羔羊病初不见异常，往往在放牧时因受惊而剧烈运动或过度兴奋而猝死。该病常呈地方性同群发病，用一般药物治疗不能控制病的发展。该病主要侵害羔羊四肢肌肉，心肌和膈肌，患病羔羊肌肉颜色苍白，肌纤维营养不良，心肌有灰白色条纹状斑。肝脏肿大，成土黄色。

图 7-46 羔羊白肌病

【防治措施】

1. 预防 加强母羊的饲养管理，供给豆科牧草，日粮中添加含硒和碘的生长素制剂。母羊产羔前补硒，0.2%亚硒酸钠注射5毫升，1次肌内注射，每月1次，连用2月，可收到良好效果。

2. 治疗 羔羊应用0.2%亚硒酸钠溶液2毫升，肌内注射，间隔1周，连用2次。亦可应用硒-维生素E注射液，1次肌内注射2～3毫升，隔1周1次，连用3次。内服氯化钴3毫克、硫酸铜8毫克、氯化锰4毫克、碘盐3克，加水适量，灌服。辅以维生素E注射液，每千克体重4～5毫克，肌内注射，隔日1次，连用3次效果更佳。

（二十一）流产

流产是指母羊妊娠中断或胎儿不足月排出子宫外而死亡（图7-47）。

【病因】一般按病因可分为以下几种情况。

①传染性疾病造成的流产 多见于布鲁氏菌病、弯杆菌病、毛滴虫病等。

②非传染性疾病造成的流产 如产科疾病见于子宫畸形，胎盘

坏死、胎膜炎和羊水增多病等；内科疾病常见于肺炎、肾炎、有毒植物中毒、食盐中毒、农药中毒；无机盐缺乏，微量元素不足或过剩，维生素A、维生素E不足，饲料冰冻霉败等；外科疾病常见于外伤、蜂窝织炎、败血症。另外，长途运输时过于拥挤也可导致流产发生。

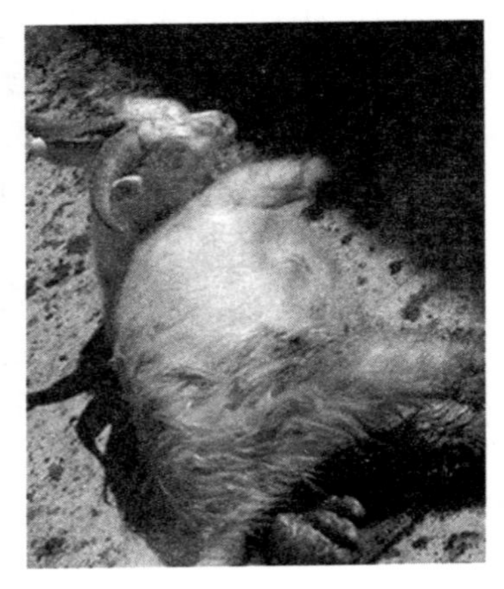

图7-47　流产胎儿

【症状及诊断】 突然发生流产者，产前一般无特殊表现。发病缓慢者，表现精神不佳，食欲停止，腹痛，起卧时努责，咩叫，从阴户流出羊水。若在同一群体中，病因相同，则会陆续出现流产，直至受害母羊流产完毕方能稳定下来。由外伤所致导致羊发生隐性流产，即胎儿不排出体外，自行溶解，而溶解物排出子宫外，亦见胎骨在子宫内残留。受外伤程度不同，受伤的胎儿常因胎膜出血、剥离，于数小时或数天才能排出。

【防治措施】

1. 预防

（1）以加强饲养管理为主，重视传染病的防治，并采取有效的保健措施。在流产中对已排出了不足月的胎儿或死亡胎儿的母羊，一般不需进行特殊处理，但须加强饲养护理。

（2）对有流产先兆的母羊，可用黄体酮注射液（每千克体重20毫克），肌内注射，每天1次，可连用数次。

2. 治疗

（1）死胎滞留时，应采取引产或助产措施。当胎儿死亡、子宫颈未张开时，应先肌内注射雌激素，可用乙烯雌酚1～3毫克，一次肌内注射；或用苯甲酸雌二醇2～3毫克，一次肌内注射目的是使子宫颈开张，然后从产道拉出胎儿。当母羊出现全身症状时，应对症治疗。

（2）对于体质虚弱或内分泌激素紊乱的种母羊用中药调理保胎，可用白术安胎散，即党参15克、白术10克、茯苓9克、当归15克、川芎10克、白芍9克、熟地15克、阿胶15克、砂仁10克、苏叶15克、陈皮6克、甘草9克、生姜9克，加水煎服，每天1剂，连用3剂。

（3）阴道出血者可用四物胶艾汤，即当归15克、芍药10克、生地炭15克、黄芪15克、白术10克、阿胶15克、焦艾叶20克、炒茜草9克、炒荆芥穗15克、黄芩9克、厚朴9克，加水煎服，每天1剂，连用3剂。

（二十二）难产

难产是指分娩过程胎儿排出困难或母羊不能将胎儿顺利地由产道排出（图7-48），是羊分娩期常见疾病之一。

【病因】常见于阵缩无力、胎位不正、子宫颈及骨盆狭窄等。

【症状】母羊已到分娩日期，并且已有分娩预兆，如乳房肿大，产道肿胀、松软，骨盆韧带松弛，子宫开始阵缩，子宫颈开张等，不时卧地努责但不见胎儿产出，时间过长后转为衰竭状态，往往可继发瘤胃臌气。

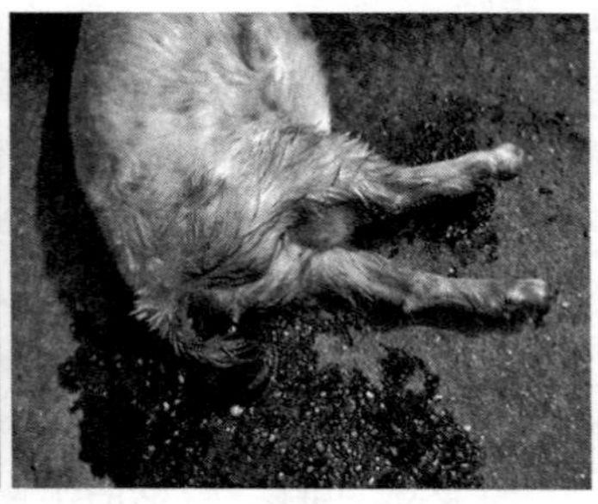

图7-48　难产

【治疗措施】为了保证母仔安全，对于难产的母羊必须进行全面检查，并及时进行人工助产术，对种羊可考虑进行剖宫产手术。

1. 需要助产时间　产出胎儿的时间：绵羊需0.25～2.5小时，

产双胎间隔15分钟；山羊需0.5～4小时，产双胎间隔0.5～1小时。当母羊阵缩在4～5小时以上而未见羊膜绒毛膜在阴门或阴门内破裂时需要人工助产，不可拖延时间，以防羔羊因缺氧死亡。

2. 助产准备

（1）术前检查　询问饲养者母羊分娩的时间，是初产或经产，观察胎膜是否破裂，有无羊水流出，检查母羊全身状况。

（2）保定母羊　一般使羊侧卧，保持安静，前躯低、后躯高，便于校正胎位。

（3）消毒　助产人员消毒手臂、助产用具。对母羊阴户外周，用1∶5 000的新洁尔灭溶液进行清洗。

（4）产道检查　注意产道有无水肿、损伤、感染，检查产道表面的干湿状态。

（5）胎位、胎儿检查　确定胎位是否正常，判断胎儿是否存活。胎儿正位时，手入阴道可摸到胎儿嘴部、两前肢，两前肢中间夹着胎儿的头部；当胎儿倒生时，手入产道可发现胎儿尾部、臀部、后蹄及颈动脉。以手指压迫胎儿，如胎儿有反应则说明其尚存活。

（6）助产方法　常见难产的部位有头颈侧弯、头颈下弯、前肢腕关节屈曲、肩关节前置、肘关节屈曲、胎儿下位、胎儿横向和胎儿过大等。可按不同的异常产位将其矫正，然后将胎儿拉出产道。多胎羊只，应注意怀羔数目。羊怀双羔时，确定难产羔羊体位后，可将一只羔羊的肢体推回腹腔，先整顺另一只羔羊的肢体，将其拉出产道，随后再将被推回羔羊的肢体整顺拉出。切记将两只羔羊的不同肢体，误以为是同一只羔羊的肢体实施助产。在助产中认真检查，直至将全部胎儿助产完毕。

（7）阵缩及努责微弱的处理　可皮下注射垂体后叶素、麦角碱各1～2毫升。必须注意，麦角制剂只限于子宫颈完全开张，胎势、胎位及胎向正常时使用，否则易引起子宫破裂。

3. 剖宫产术　在子宫颈扩张不全或子宫颈闭锁时导致胎儿不能产出；或骨骼变形，致使骨盆腔狭窄，胎儿不能正常通过产道的情况下，可进行剖宫产术。

（二十三）阴道脱

阴道脱是阴道壁部分或全部外翻脱出于阴门之外的一种产科疾病。阴道壁黏膜暴露在外面，引起阴道黏膜发炎，甚至溃疡或坏死。多见于妊娠后期。

【病因】 该病由于饲养管理不佳、运动不足、年老体弱、阴道周围的组织和韧带松弛、妊娠至后期因腹压增大而造成的。此外，还见于分娩或胎衣不下，努责过强或助产拉出胎儿时损伤产道等情况。由胃肠炎、寄生虫病引起妊娠羊严重腹泻、虚脱、消瘦均可致病。

【症状】 当完全脱出时，阴道脱出如拳头大小，但子宫颈仍闭锁。部分脱出时，仅见阴道入口部脱出，大小如桃子。外翻的阴道黏膜发红，甚至青紫，表面附有分泌的黏性炎性物质，局部水肿，因摩擦可损伤黏膜形成溃疡，局部出血或结痂。炎症侵害达肌肉层时，病羊反应加重。病羊喜欢卧地，脱出的阴道部分常被泥土、垫草、粪便污染，局部被细菌感染后化脓或坏死。严重者全身症状明显，体温可达 40℃以上。

【防治措施】

1. 预防 加强妊娠母羊的饲养管理，给其补饲青绿多汁的牧草。舍饲羊应加强运动，以增强其对疾病的抵抗力。经常检查妊娠母羊的会阴部，做到早发现、早治疗。

2. 治疗 体温升高者，用磺胺双甲基嘧啶 5～8 克，每天 1 次灌服，连用 3 天。配制 0.1%高锰酸钾溶液或用新洁尔灭溶液冲洗局部，再涂擦金霉素软膏或碘甘油溶液。整复脱出的阴道时，由脱出的基部向骨盆腔内缓慢地推入，待完全推入脱出的阴道后用拳头顶住阴道，防止羊努责后又将阴道脱出，然后用阴门固定器压迫并固定。对慢性习惯脱出的羊，可用粗缝合线对阴门四周作减张缝合，待数日后症状减轻或不再脱出时拆除缝线。当脱出的阴道水肿时，可用针头刺破黏膜使渗出液流出，待阴道水肿减轻、体积缩小

后再整复。局部损伤处结痂者，应先去除结痂块，清理坏死的组织，然后进行整复。整复中若遇病羊努责，可做腰荐间隙麻醉。必须在阴道复位后方可去除阴门固定器或拆除阴门周围缝线，以防止阴道再脱出。发生阴道脱时应重视阴道炎症的治疗，在阴道脱出的病理过程中，阴道黏膜是受侵害的部位。再整复后为防止病羊努责，可用青霉素撒布在纱布条上用2%普鲁卡因溶液将其浸湿，送入病羊阴道，以达到消炎并减轻疼痛刺激的效果。

（二十四）子宫内膜炎

子宫内膜炎是子宫黏膜的炎症，主要表现母羊不孕、子宫及附件的炎症，严重者可导致子宫积脓、坏死，发展为败血症或脓毒败血症。本病是母羊的常见生殖器官疾病之一。

【病因】多由于分娩、助产、子宫脱、阴道脱、胎衣不下、腹膜炎、胎儿死于腹中等导致细菌感染而引起的子宫黏膜炎症，亦见于人工授精及接产过程消毒不严等而发生了病原微生物的感染。临床上亦见继发于布鲁氏菌病、弯杆菌病，羊衣原体病、弓形虫病等而感染。

【症状】该病临床可分为急性和慢性两种。

1. 急性子宫内膜炎　初期病羊食欲减少，精神欠佳，反刍停止或减少，体温升高，因有疼痛反应而出现磨牙、呻吟，可继发前胃弛缓。弓背、努责，并作排尿姿势，从阴户内流出黏性污红色分泌物（图7-49）。严重时衰竭，昏迷，甚至死亡。

图7-49　患子宫内膜炎病羊

2. 慢性子宫内膜炎　病情较急性轻微，病程长，子宫分泌物减少。如不及时治疗可发展为子宫坏死，继而全身恶化，发生败血症或脓毒血症，有时继发腹膜炎、肺炎、膀胱炎、乳腺炎等。

【防治措施】

1. 预防 应经常保持圈舍和产房清洁及卫生，临产前后对母羊阴门及周围部进行消毒。在人工授精和助产时，应注重手术操作和器械的消毒。另外，应及时、正确地治疗流产、难产、胎衣滞留、子宫脱出及阴道炎等。

2. 治疗 先净化、清洗子宫，用0.1%高锰酸钾溶液或0.1%～0.2%雷夫奴尔溶液300毫升，灌入子宫腔内，然后用虹吸法排出灌入子宫内的消毒溶液，每天1次，连续3～4次。冲洗后向子宫内注入碘甘油3毫升，或投放四环素类药物（0.5克）胶囊。用青霉素160万单位、链霉素100万单位，肌内注射，每天早、晚各1次。若病情严重，则可用洁霉素（每天每千克体重15～30毫克）与氨苄西林（每天每千克体重80～120毫克）联合治疗。

全身治疗可用10%葡萄糖溶液250毫升、生脉散注液100毫升、复方氯化钠溶液250毫升、5%碳酸氢钠溶液100毫升混合静脉注射。肌内注射维生素C 400毫克，可解除自体中毒。

（二十五）胎衣不下

胎衣不下是指妊娠羊产后的数小时内仍然不能将胎衣排出的情况（图7－50）。

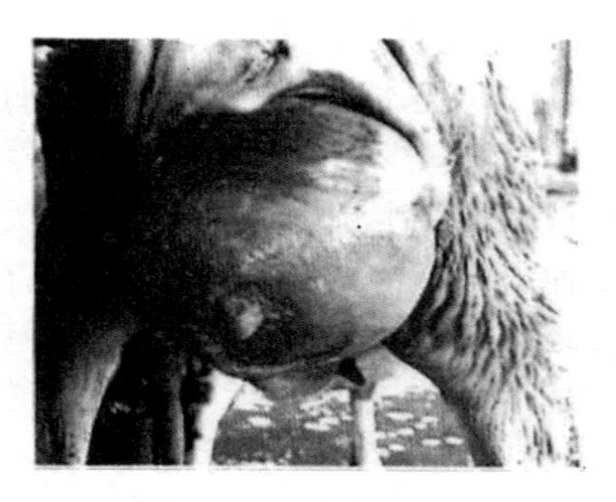

图7－50 胎衣不下

【病因】主要有：①妊娠后期母羊缺乏运动；②饲料中缺乏钙、磷、维生素，饮食失调，妊娠母羊过度肥胖；③母羊多胎、羊水过多、胎儿过大；④母羊持续排出胎儿而伸张过度，使子宫收缩力量不足；⑤继发子宫炎、布鲁氏菌病；⑥羊饲料中缺硒元素。

【症状】初期病羊因子宫炎症刺激，经常弓背、努责。病羊食欲减少或废绝，精神沉郁，喜卧地。体温升高，呼吸及脉搏增快。

胎衣久久滞留不下，可发生腐败，从阴户中流出污红色、腐败而恶臭的恶露，其中混有灰白色、腐败的胎衣碎片或脉管。当全部胎衣未下时，部分胎衣从阴户垂露于后肢跗关节部。

【防治措施】

1. 预防　加强饲养管理，给母羊补饲青绿多汁的饲草，添加微量元素制剂，增强其体质，同时预防布鲁氏菌病、流产、腹膜炎等病的发生。

2. 治疗　①病羊分娩后不超过24小时，可应用马来酸角新碱0.5毫克，肌内注射；垂体后叶素注射液或催产素注射液0.8～1.0毫升，一次肌内注射。②可辅以防腐消毒药或抗生素，让胎膜自溶排出，达到自行剥离的目的，此后给子宫内投入四环素胶囊（每粒含0.5克），效果较好。③应用益母桃仁红花散，即当归12克、白术12克、益母草12克、桃仁12克、红花12克、川芎6克、陈皮6克，共研细末，开水调和灌服，或加煎水灌服。④当体温升高时，注射抗生素。可用硒-维生素E制剂，在妊娠期进行3次注射，作为预防。

（二十六）乳腺炎

乳腺炎是乳腺、乳池、乳头局部的炎症。常见的有临床型乳腺炎（如浆液性、卡他性、化脓性、出血性、蜂窝织炎性乳腺炎）与阴性乳腺炎。

【病因】当母羊哺喂羔羊时，因乳房局部不清洁，被细菌感染或被羔羊咬破乳头而发病。母羊产羔期感染链球菌、化脓棒状杆菌和葡萄球菌也可出现乳腺炎。本病也可继发结核病、口蹄疫、子宫炎、脓毒血症等。

【症状】患隐性乳腺炎的母羊不显示临床症状，仅乳汁出现轻微沉淀物，临床上多见急性乳腺炎。乳房局部红肿、硬结、热痛，泌乳量减少，乳汁变性，乳汁中混有黄色汁液或稀薄的灰红色脓液。亦见乳中带血，乳汁红染。炎症延续时，病羊体温升高达41℃，挤乳或羔羊吮乳时母羊抗拒、躲闪。若炎症为转为慢性，则病程延长，乳房硬结，丧失泌乳机能。化脓性乳腺炎可形成脓腔，使腔体与乳腺管相通，并穿透皮肤形成瘘管，进而发展为蜂窝织炎。山羊可患坏疽性乳腺炎。该病呈地方流行性，多发生于产羔后的1～4周。

【防治措施】

1. 预防 应注意挤乳卫生，及时清理圈舍污物。在产羔季节应注意检查乳房，并做好乳房消毒。

2. 治疗

（1）一般治疗 病初可用青霉素80万单位、0.5%普鲁卡因10毫升，溶解后用乳房导管注入乳池内，轻揉乳房腺体部，使药液分布于乳腺中；或用青霉素普鲁卡因溶液注射封闭乳房基部；也可应用磺胺类药物内服。为了促进炎性渗出物的吸收和消散，除在炎症初期冷敷外，2～3天后可施行热敷，具体方法是：将10%硫酸镁水溶液1 000毫升加热至45℃，每日热敷1～2次，连用4天。中药治疗应以消炎抑菌、活血散结、清热解毒为准则。患急性乳腺炎时，可用当归15克、生地6克、蒲公英30克、银花12克、连翘12克、赤芍6克、川芎6克、瓜蒌6克、龙胆草24克、山枝16克、甘草10克，开水调服或煎水灌服，每天1剂，连用3天，同时应积极治疗继发病。

（2）控制感染 对化脓性乳腺炎及开口于乳池部的脓肿，宜向乳房脓腔内注入0.1～0.25%雷夫奴尔液或3%过氧化氢溶液或0.1%高锰酸钾溶液冲洗消毒腔。对于蜂窝织炎性乳腺炎，可在未破溃的脓肿处行外科手术，作穿孔排脓、冲洗、引流。必要时应用头孢拉定每天每千克体重50～100毫克或林可霉素每天每千克体重40毫克，加入生理盐水500毫升，先静脉注射3～4天，后改为肌内注射3天。亦可用四环素族药物静脉注射，以消炎、增强机体的抵抗力，同时用强力消毒灵溶液经常擦洗乳头及其周围组织。

（二十七）公羊繁殖障碍综合征

公羊繁殖障碍综合征是指种用适龄公羊因罹患各种疾病，或因

繁殖机能缺陷而引起生育能力降低，缺乏或丧失配种能力所表现的一类性功能障碍症候群。一般有两类，其一是先天遗传性繁殖障碍病；其二是后天获得性繁殖障碍病。

【病因】

1. 先天遗传性繁殖障碍病　本病原因有：①饲养管理不当；②长期忽视种羊的科学选育，无计划地盲目配种，形成近亲繁殖或中间杂交；③忽视对羊群中患有幼稚病、两性畸形、免疫性繁殖障碍等病羊的淘汰。

2. 后天获得性繁殖障碍病　本病原因有：①后天饲养管理不佳；②所用繁殖技术不当；③环境和有毒物质的影响；④内分泌器官组织发育不良；⑤细胞和内分泌腺肿瘤；⑥精子生成障碍和激素分泌失调；⑦其他疾病所致，各类普通病，如贫血、胃炎、微量元素和维生素缺乏症、睾丸炎、蹄病；传染病，如布鲁氏菌病、弯杆菌病、口蹄疫、副结核病、羊瘟、恶性水肿病、蓝舌病；寄生虫病，如肝片吸虫病、绦虫病、血孢子虫病、痒螨症等；⑧免疫性因素。

【症状】本病临床症状呈现多型性。

（1）隐睾　临床常见单侧性或双侧性隐睾。单侧性隐睾可在阴囊内触摸到一个睾丸，而睾丸大小和质地正常，公羊可能具有生育能力。双侧隐睾公羊往往不育，但公羊性欲和性行为基本正常。

（2）睾丸炎　临床表现可分为急性睾丸炎和慢性睾丸炎。急性睾丸炎病羊体温上升至39.5℃以上，食欲减退，站立时弓背，迈步时后肢拘强，拒绝爬跨。睾丸局部肿大、发热、疼痛，阴囊肿胀、发亮。触摸时睾丸紧缩而质地变硬，严重者可并发睾丸化脓，以致激发弥漫性、化脓性腹膜炎。慢性睾丸炎病情缓和，热反应不明显，睾丸丧失弹性，变硬而缩小。

（3）睾丸变性　当生精上皮和睾丸实质细胞组织出现不同程度的变性后，睾丸萎缩可致精液品质下降，最终导致暂时性或永久性生育力降低或不育。完全变性时体积缩小一半以上，睾丸变成细长形或圆球状，但公羊的性欲和交配能力一般不受影响。

（4）睾丸发育不全　睾丸发育不全是指公羊一侧或双侧睾丸的全部或部分曲精细管生精上皮不完全发育或缺乏生精上皮，往往是由于隐性基因引起的遗传疾病或是由于非遗传性的染色体组型异常所致。公羊外表体征、生长发育正常，精神良好，食欲正常，行为无异常表现。第二性征、性欲和交配能力基本正常。但仔细检查时，可见到睾丸体积较同龄公羊的小，触摸质基较软，缺乏弹性。

（5）睾丸肿瘤　睾丸出现肿瘤时，肿瘤细胞的结构、代谢、生长、分化等均处于异常状态，最终发展成肿瘤病。

（6）附睾炎　本病是公羊常见的一种生殖器官疾病，主要由流产布鲁氏菌和马耳他布鲁氏菌感染所致，临床上多呈现特殊的化脓性附睾炎及睾丸炎症状。炎症可发生在一侧附睾，亦可发生在双侧附睾。初期病羊体温升高至39.0～41.0℃，急性期食欲减退，精神沉郁，喜卧地，后躯拘强，不愿交配。阴囊内容物紧张，肿大，疼痛，睾丸与附睾界域明显。不成熟精子和畸形精子比例增高，精子活力降低。50%以上的公羊生殖功能失常，严重者可引起死亡。

（7）阴囊损伤　阴囊损伤包括各种阴囊的穿透性损伤和非穿透性损伤及钝挫性损伤，是公羊常见的生殖器官外伤之一。穿透性损伤一般形成创口，撕裂的创口边缘多不整齐，伴有疼痛反应。伤口感染后阴囊肿胀、发热，有炎性渗出物或脓汁从创口流出。钝挫性损伤常使阴囊内部血管破裂，形成阴囊肿胀。亦见阴囊皮肤表面无明显伤痕，仅表现阴囊肿胀、湿热、疼痛，触诊睾丸有波动感，公羊常拒绝交配。钝挫性损伤可形成血肿，血清被逐渐吸收，可出现阴囊总鞘膜与睾丸白膜发生粘连，阴囊变硬，或血肿继发感染而化脓严重者可能出现全身症状。羊阴囊皮肤受寄生虫疥螨损伤，一方面虫体在皮肤内挖掘隧道吸取淋巴液和体液并分泌毒素；另一方面剧痒导致啃咬和擦伤。

（8）阴茎和包皮损伤　阴茎和包皮损伤常见的有撕裂伤、挫伤、尿道破裂和阴茎血肿。一般在局部可见创口和肿胀，从包皮外口流出血液或炎性分泌物，严重时阴茎能自阴茎颈后方横断。

（9）阴茎麻痹　阴茎垂露出包皮口外无紧张性不能自动缩回，

称为阴茎麻痹。常见于公羊腰荐部脊髓神经及其分支和阴茎损伤。

（10）血精　血精即精液中带血。常发于副性腺和尿道炎症。由尿道炎引起时，公羊排尿和射精时痛苦，精液呈暗红色或淡红色，并混有血块和其他炎性产物，有时尿中带血。

（11）阳痿　阴茎不能勃起或勃起但不能维持足够的硬度以完成交配称之阳痿。可分为器质性阳痿和功能性阳痿。出现功能性阳痿时应从加强营养着手调理，初配种公羊阴茎不勃起应从调教着手。检查时应注意公羊年龄、饲料管理条件、体质状况、阴茎和阴茎周围组织是否有损伤及炎症。包茎和阴茎肿瘤或阴茎粘连的公羊在试情时阴茎可能勃起，但不能伸出包皮口，此时应注意检查包皮鞘内是否有勃起的阴茎。

【诊断】睾丸有炎症时，患羊体温升高，一侧或双侧睾丸肿大，红、肿、热、痛，病部睾丸硬结，公羊拒绝爬跨，可继发睾丸脓肿及腹膜炎。

睾丸变性时，病前羊的生育能力和精液品质正常，病后睾丸体积缩小，睾丸组织先软化后变为硬结。虽然公羊性欲和交配能力一般不受影响，但精液变清，呈水样，精子活力差，畸形精子数量增加。

有隐睾时，常可见一侧或双侧睾丸进入腹股沟管或腹腔内。生产中当触摸不到睾丸时可进行绒毛膜促性腺激素测试，进而确诊。

睾丸有肿瘤时，活体组织检查可发现未分化的间质细胞、支持细胞、精原细胞。睾丸实质组织内有结节存在，形状大小不一，质基变硬，亦见鞘膜腔积液。

阴茎和包皮损伤时，常见局部组织发生撕裂、挫伤、尿道破裂和阴茎血肿，从创口处流出血液和炎性分泌物，伤口部及周围组织肿胀。

【防治措施】

1. 预防　预防措施应加强科学管理，用全价优质饲料饲养。做到优选优配，严防乱交乱配。坚持疫病检验，严格隔离淘汰。经常检验精液品质，确保种羊安全生产。

2. 治疗 治疗原则为停止配种，查明病因；丧失种用的羊，坚持淘汰；局部处理，全身治疗；选种培育，良种繁殖。

①对局部外伤和感伤者，清理伤口并消毒，整复缝合，包扎护理。消毒液可用0.1%高锰酸钾溶液、0.1%雷夫奴尔溶液、3%～5%硼酸等溶液，或用生理盐水青霉素、链霉素溶液（生理盐水500毫升加入青霉素160单位、链霉素200单位）。化脓创和瘘管宜用3%双氧水溶液，或3%碘仿溶液，或鲁哥式碘液做成纱布条引流。

②对血精或有血肿出血的羊，宜用维生素K_3注射液40毫克，或安络血20毫克，或止血敏0.5克肌内注射，每天1次。吸附性海绵胶适用于局部止血，可用于创伤性出血或毛细血管渗血。

③对于阴茎、包皮感染者宜局部清洗、消毒，然后涂擦红霉素软膏，或用抗菌撒粉（氨苯磺胺10克、硼酸5克、水杨酸2克研细）涂撒患部。

④在尿道继发感染时，宜用尿道消毒剂，如乌洛托品4克、萨罗尔3克、氯化铵3克加水，1次灌服，每天1次，连用3天。

⑤在阳痿、性欲缺乏时宜用丙酸睾酮或苯乙酸睾酮100毫克，每天1次，肌内注射，连用2～3次。或用绒毛膜促性腺激素5 000～10 000单位肌内注射，每隔3～5天重复使用。中药可用巴戟天20克，淫羊藿20克，肉苁蓉5克，杜仲5克，怀牛膝10克，枸杞10克，党参、当归、菟丝子、甘草各10克研细，开水冲调后加鸡蛋3枚，1次灌服，连用3天。宜可服用维生素A、B族维生素、维生素E制剂辅助治疗。

参 考 文 献

陈雪莲，王玲，姚刚，等，2012. 新疆某屠宰场羊屠宰中微生物污染状况的检测分析［J］. 新疆农业科学（4）：778－783.

郭维春，2002. 现代肉羊饲养技术［M］. 沈阳：辽宁科学技术出版社.

李跻，2010. 我国肉羊产业发展中存在的问题及对策［J］. 农业科学研究，31（9）：69－71.

李军，金海，2021. 2020年我国肉羊产业发展概况、未来发展趋势及建议［J］. 中国畜牧杂志，57（3）：223－228.

李颖康，2003. 国外优质肉用种羊品种及饲养技术［M］. 北京：中国农业出版社.

梁静，张文举，王博，2016. 影响羊肉品质因素的研究进展［J］. 中国畜牧兽医，43（5）：1250－1254.

刘玉凤，王明利，石自忠，等，2014. 我国肉羊生产技术效率及科技进步贡献分析［J］. 中国农业科学导报，16（3）：156－161.

马月辉，付蓉，2003. 我国养羊业发展战略分析［J］. 黑龙江畜牧兽医，10（6）：8－10.

穆秀梅，马启军，段栋梁，等，2010. 无公害羊肉生产技术规范及安全管理［J］. 山西农业科学（8）：117－119.

钱勇，2000. 肉羊生产关键技术［M］. 南京：江苏科学技术出版社.

唐万明，格格日乐，2010. 我国肉羊生产的现状及发展趋势［J］. 畜牧与饲料科学，2（84）：89－91.

王宁，张德权，王清章，等，2006. 市售羊肉微生物状况调查［J］. 食品研究与开发（1）：152－154.

王兆丹，韩林，唐华丽，等，2014. 三峡库区市售羊肉重金属元素富集特征及污染程度评价［J］. 黑龙江畜牧兽医（21）：215－217.

温裕平，2007. 羊生产现状、存在问题及对策［J］. 内蒙古农业科技（7）：113.

乌达巴拉，2010. 国内外肉羊生产发展现状 [J]. 畜牧与饲料科学 .31 (6/7)：124 - 126.
闫甫，沙文锋，朱娟，等，2007. 饲料霉菌及其毒素的危害及预防措施 [J]. 畜禽业 (3)：24 - 27.
杨育斌，2004. 畜产品安全分析及应对措施 [J]. 甘肃农业 (1)：34 - 35.
尹长安，2003. 肉羊无公害饲养综合技术 [M]. 北京：中国农业出版社 .
张进，王卫，郭秀兰，等，2011. 羊肉制品加工技术研究进展 [J]. 肉类研究，25 (11)：50 - 54.
张英杰，2010. 羊生产学 [M]. 北京：中国农业出版社 .
赵有璋，2011. 羊生产学 [M]. 北京：中国农业出版社 .
郑爱武，魏刚才，2014. 实用养羊大全 [M]. 郑州：河南科学技术出版社 .
朱风华，王利华，林英庭，2014. 山东省常用羊饲料霉菌毒素污染状况调查 [J]. 中国畜牧杂志 (10)：72 - 76.